U0010589

愛鼠飼育大百科！

社團法人台灣愛鼠協會　著

晨星出版

前言

Chapter 1　認識寵物鼠 007

Chapter 2　和愛鼠的相處 045

Chapter 3　愛鼠的日常照護　059

Chapter 4　打造愛鼠的家　081

Chapter 5　愛鼠的健康飲食　115

Chapter 6　愛鼠的健康與疾病　133

Chapter 7　常見於寵物鼠的疾病　143

CONTENTS

Chapter 8　愛鼠知識大解密　185

前言

　　哺乳動物中大約有40%的物種都屬於齧齒目，齧齒目動物有上下各兩顆尖銳、不斷生長的門牙。常見齧齒動物包含：老鼠、松鼠、花栗鼠、倉鼠、沙鼠、豚鼠、毛絲鼠等等。齧齒動物大多以植物、昆蟲為食，通常是雜食性動物，體型嬌小，繁殖力旺盛。

　　齧齒類動物是生態系統底層的重要角色，牠們的存在維持著地球生態的穩定與平衡。齧齒類動物對於當代人類社會最大的貢獻莫過於各學門之學術研究，群居性鼠類動物提供研究人員大量社會研究、心理學研究資料，至今牠們仍是科學界大量利用、犧牲的教材、實驗對象。人類最了解的物種恐怕並不是人類本身，而是實驗鼠。

　　寵物倉鼠是許多人飼養的第一隻寵物，因為牠們入手門檻低，兒童也特別喜歡體型嬌小可愛的小倉鼠。市面上可以看見各式各樣的寵物鼠，包含黃金鼠、三線鼠、一線鼠、老公公鼠、大小鼠、天竺鼠，甚至是松鼠、沙鼠、睡鼠、土撥鼠等等，然而每一種鼠習性差異很大，飼養方式也截然不同。本書以常見的寵物倉鼠、天竺鼠、大小鼠為主，其他常見鼠類為輔，劃分章節進行介紹。

Chapter 1

認識寵物鼠

台灣常見寵物鼠介紹

原生色黃金鼠

奶油白腰黃金鼠

敘利亞倉鼠
（黃金鼠）
Mesocricetus auratus

基本DATA

名稱▶敘利亞倉鼠
（Syrian Hamster）
學名▶*Mesocricetus auratus*
成鼠身長▶15～17公分
成鼠體重▶約120公克
壽命▶平均2年

其他俗稱 熊鼠、金倉鼠、哈姆太
郎等（依照毛色品系又被稱為黑耳金熊、乳牛
鼠、黑熊、奶油白腰等等。）

黑耳金熊鼠

黃金鼠簡介

黃金鼠最初被發現於敘利亞原野，現在可能已在野外絕跡，在全世界則被廣泛作為寵物飼養。牠們是夜行性動物，**領域性很強**，為地底穴居之獨居動物，只有少數情況下才不會攻擊彼此，像是公鼠遇上正在發情的母鼠的時候，但牠們交配完後還是會打架。就算是兄弟姊妹，也會在長大後攻擊彼此，甚至導致死亡，所以飼養上**必須一籠一鼠**。野生黃金鼠的原生環境是非常遼闊的草原，需要長途跋涉奔跑覓食（一天移動約20公里），因此天性上熱愛奔跑，注意要配備滾輪，滿足運動之需求。

熱愛跑步的黃金鼠。

黃金鼠最具代表性的顏色是白色與金黃色混合，因此給予牠們「黃金」之名，不過現在有不同顏色混合品系，像是奶油色、白色、黑色、淺灰色等。黃金鼠比起其他倉鼠，體型略大，比較好抱，也是**最容易親近人類**，同時也是最調皮、最會破壞籠舍逃家，是需要大平面空間的鼠種。

溫馴的黃金鼠。

POINT

不應將兩隻以上黃金鼠養在同一個籠子裡，需要一籠一鼠飼養。也不應將黃金鼠與任何其他鼠類放在一起，牠們打架兇狠致命！

原生色三線鼠

毛色偏紫灰色的「紫倉」

短尾侏儒倉鼠
（三線鼠）

Phodopus sungorus

普遍受到民眾喜愛的「銀狐」

基本DATA

名稱 ▶ 短尾侏儒倉鼠、加卡利亞倉
鼠（Djungarian hamster）

學名 ▶ *Phodopus sungorus*

成鼠身長 ▶ 8～11公分

成鼠體重 ▶ 約35公克

壽命 ▶ 平均2年

其他俗稱 楓葉鼠、冬白等（按照常見毛
色品系又被稱為紫倉、銀狐、布丁鼠等等。）

　　三線鼠身形大小只有其他倉鼠的一半，所以和一線鼠、老公公鼠皆歸為侏儒倉鼠屬。屬於夜行性動物，其分布地主要是中國大陸、西伯利亞半荒漠及草原地區，為地底穴居動物。外型特徵是典型的暗灰色背部條紋（但並非每隻都有）、毛茸茸的小短腳，還有一坐下後就難以看到的超短尾巴。除此之外，冬天日照縮短、氣溫降低時，三線鼠的毛色可能會轉為白色，此為俗稱的「冬白」現象，這個保護色可以幫助牠們在野外躲過天敵的獵捕。

　　三線鼠是最受各年齡層飼主喜愛的倉鼠，因為牠們較親近人類，對籠舍破壞力較小。三線鼠在野外為家族性群居動物，**牠們只跟自己喜歡的同伴和平共處。**人為飼養環境中因天然條件不足，容易造成三線鼠在籠中與同類相殘，牠們打架兇狠且致命，常造成重傷或慢性感染死亡，所以為了避免意外發生，強烈建議一籠一鼠飼養。

每一隻鼠的個性不同，有些鼠像小天使。

POINT

建議一籠一鼠飼養，避免過度繁殖、打架受傷、緊迫等問題。也不要將三線鼠與其他鼠類放在一起，不然會打架喔！

基本DATA

名稱▶坎貝爾侏儒倉鼠、俄羅斯
　　倉鼠 （Dwarf Campbells
　　Russian Hamster）
學名▶*Phodopus campbelli*
成鼠身長▶8〜13公分
成鼠體重▶約45公克
壽命▶平均2年

黑色的一線鼠

坎貝爾侏儒倉鼠
（一線鼠）

Phodopus campbelli

毛色美麗多變的一線鼠

　　一線鼠分布於中亞草原、半乾旱地區，為地底穴居動物，原生環境非常遼闊，需要長途跋涉奔跑覓食，因此也具有奔跑天性。1902年時，由W.C.坎貝爾（W. C. Campbell）在當時中俄邊境的蒙古圖瓦地區所發現，故也稱為「有袋的圖瓦族」。一線鼠為夜行性動物，外型迷人，毛色多樣如藝術品般美麗，背上有一條深色狹長條紋，雖然看似與三線鼠相近，但並不會出現冬白現象。相較於黃金鼠、三線鼠，牠們的個性較兇，**較不親近人類**，飼主伸手指過去撫摸時，可能會被咬。

　　一線鼠是**晨昏行性動物**，主要在日出和黃昏這兩段微光時間活躍，人為飼養環境因天然條件不足，在狹小的籠舍內較難以跟同伴和平相處，不建議初學者將一線鼠合籠飼養。另外，一線鼠與三線鼠外觀相似，容易辨別錯誤，造成混種的情況，不建議飼主自行繁殖。

POINT

區分一線鼠與三線鼠

一線鼠雙眼與鼻頭比例與三線鼠不同，一線鼠體型平均比三線鼠稍大。

三線鼠　　　　　　　　　　　　　　　　　　一線鼠

基本DATA

名稱 ▶ 羅伯羅夫斯基倉鼠
（Roborovski Hamster）

學名 ▶ *Phodopus roborovskii*

成鼠身長 ▶ 4～5公分

成鼠體重 ▶ 約25公克

壽命 ▶ 平均3年

其他俗稱 老公公鼠

羅伯羅夫斯基倉鼠
（老公公鼠）
Phodopus roborovskii

膽小卻可愛的老公公鼠

　　老公公鼠分布於戈壁沙漠及其周邊廣大地區，為地底穴居動物。為了抵抗寒冷環境，連腳底板都有長毛，也因此與另外兩種侏儒倉鼠（三線鼠、一線鼠）被歸為毛足屬。屬於夜行性動物，體型是倉鼠中最嬌小的，輕易就能鑽出籠外，所以需謹慎防止逃逸事件發生。眼睛上方有白眉是其外型特徵，雖然被叫做「老公公」，但其實牠們動作相當敏捷。不過**個性相當膽小**、警戒心高，是最害怕人類的倉鼠，**較不適合由幼童飼養**，也不適合逗弄，以免造成緊張與不安。

　　牠們在野外為家族性群居動物，人為飼養時若籠舍寬敞、食物充足，老公公鼠較可以在籠內跟家族同伴和平相處。不過仍不建議一次飼養超過兩隻老公公鼠，牠們可能因擁擠壓迫而爭奪打架致死。另外，也不應將新來的老公公鼠放入家族中，可能導致家族集中攻擊、驅趕陌生鼠。

POINT

老公公鼠因為體型嬌小，因此選購的籠舍間隙必須細小（小於0.8cm），避免鼠鑽出。

基本DATA

名稱▶馴化小鼠
　　　（Domesticated Mouse）
成鼠身長▶7 ～ 10公分（不含尾部）
成鼠體重▶約30公克
壽命▶平均2年
其他俗稱 小鼠、實驗小鼠、
寵物小鼠

毛色有許多變化的小鼠

馴化小鼠　Domesticated Mouse

純黑的小鼠相當有「質感」

馴化小鼠簡介

小鼠早在17世紀就有被人類使用於動物實驗的紀錄，馴化小鼠是野生小家鼠培育而來。小鼠與大鼠被人類繁殖、實驗至今，儼然成為**人類最瞭若指掌的動物**。由於牠們性情活潑、聰明，許多人也將牠們作為寵物。大小鼠長期大量犧牲於人類各種學術研究中，牠們無法享受學術研究的成果，往往在短暫而囚禁的一生後，死於研究室角落。大小鼠的親戚──野家鼠，因妨礙人類衛生及存糧，至今仍人人喊打，常見遭虐殺於街頭。

馴化小鼠體型嬌小，活潑好動，較具攻擊性且排泄物氣味重。未結紮之公小鼠好鬥爭，常常互相攻擊致重傷、致死，母的小鼠則大多能與同類和平相處。牠們在緊張時可能咬傷人，但通常牠們也可以與人類培養感情。相較於倉鼠，小鼠善於跳躍、攀爬，但與松鼠、睡鼠等天生武林高手相比，小鼠又遜色許多。牠們也喜歡築巢、玩耍、探險、啃咬、鑽縫，以及享用美食。牠們的排泄物氣味較重，飼養環境需要時常清潔。小鼠是夜行性動物，飼養前請留意深夜製造噪音的問題。飼養小鼠需要間隙小的鐵籠或改造箱，否則牠們可能鑽出縫隙逃家。小鼠**適合立體多層籠舍及家具**，建議飼主為牠們設計豐富的空間變化。

母的小鼠大多可以和平共處。

POINT

雖然馴化小鼠是群居動物，但飼主應避免將「異性鼠」養在一起。若不小心過度繁殖，會造成鼠災喔。

名稱 ▶馴化大鼠
　　　（Domesticated Rat）
成鼠身長 ▶15～ 25公分（不含尾部）
成鼠體重 ▶約400公克
壽命 ▶平均2年

其他俗稱 大鼠、實驗大鼠、寵物
大鼠等。

馴化大鼠 Domesticated Rat

大鼠個性溫和聰明，與主人
和同伴通常都很親近

馴化大鼠簡介

　　馴化大鼠由野生褐鼠培育至今，廣泛使用於各種科學實驗，且是優秀的寵物。大鼠群體擁有健全的社群結構，母鼠通常能在合適環境中和平相處。具有主導欲或是受到賀爾蒙刺激的公鼠之間較容易打鬥，打鬥造成的傷勢必須妥善處理、就醫，否則可能發展為膿瘍甚至敗血。大鼠**性情溫和，容易馴服**，對飼主感情深厚，許多飼主認為飼養大鼠跟飼養狗有幾分相似。若是只飼養一隻大鼠，大鼠會十分需要飼主陪伴，否則牠們可能變得性格陰暗。

　　大鼠是夜行性動物，因體型較大，適合寬敞、立體多層籠舍，建議飼主為牠們設計豐富的空間變化並提供躲藏窩、放風遊戲時間。齧齒類動物散熱不佳，不適應高低溫差，飼養前請注意，鼠類動物的飼育環境應維持涼爽舒適。

我的尾巴⋯⋯。

有些人因為大鼠的長尾而感到害怕。

POINT

馴化大鼠愛乾淨、愛美食、怕熱，請將牠養在通風陰涼的室內，並且時常清潔鼠籠。

秘魯天竺鼠（Peruvian）

喜樂蒂（Texel）

左：美國短毛（English）
右：冠毛謝特蘭（Sheltie）

基本DATA

名稱 ▶豚鼠 （Guinea Pig）
學名 ▶*Cavia porcellus*
成鼠身長 ▶20～25公分（不含尾部）
成鼠體重 ▶約1000克
壽命 ▶平均5年
其他俗稱 荷蘭豬

豚鼠
（天竺鼠）

Cavia porcellus

阿比（Abyssinian）

天竺鼠與其他常見寵物鼠有很大的不同，現在我們所見到的天竺鼠已經絕跡於野外，牠們的祖先來自南美洲安地斯山脈，被南美原住民當成食物，後來被歐洲商人引進西方世界，成為寵物與實驗動物。

生活在草原上的天竺鼠不會挖洞或築巢，只會在自己找到的各種洞穴、岩石、灌木叢隱密處躲藏。天竺鼠成群生活，牠們在黃昏或早晨出沒覓食，躲避獵食者。人類飼養的天竺鼠大多看不出明顯作息時間，睡眠時間看似較少，有些天竺鼠在光線昏暗時則顯得精神百倍。

天竺鼠有複雜的社交行為，會用多種聲音、肢體語言與同伴交流，也十分關注人類的動靜。牠們能夠分辨各種氣氛，人類若說話急促、氣氛緊張，天竺鼠也會害怕躲藏。牠們在家的生活很簡單，每天吃、喝、排泄，跟同伴或主人相依偎在一起。牠們天性膽小，對於環境變化十分敏感。天竺鼠是**喜好群居**的動物，通常可以在恰當的相互認識後，和平生活在一起。天竺鼠食量大、飲水量大、排泄量大，飼養前應考慮到繁重的清掃與餵食工作。牠們為草食性動物，**草是牠們的主食，蔬菜及水果為輔**，不適合食用過多澱粉，澱粉非常容易造成牠們脹氣不適。請特別注意，天竺鼠無法自行產生維他命C，需要由飲食補充，請**每日為天竺鼠補充維他命C**，如：富含維他命C之蔬果。

POINT

1. 使用方便清潔、空間寬敞、底部較平坦不傷天竺鼠腳掌的籠舍。
2. 請勿讓天竺鼠孤獨一鼠，若天竺鼠沒有同伴，主人應善盡陪伴義務。
3. 請 24 小時提供乾淨飲用水。
4. 無限量供應牧草，並每日搭配新鮮蔬菜水果。（餵食方法詳見第 5 章）
5. 請將天竺鼠飼養於 20 ～ 25℃，涼爽無太陽直射的室內，牠們不適應季節溫差及高溫。
6. 請儘量避免讓天竺鼠接近狗、警報、室外等不安定因子，天竺鼠受到驚嚇可能會休克死亡。

在台灣可以看見一些人飼養著另類的鼠，這些鼠大多屬於野生動物，有的是保育類，飼養可能觸法，有的則是飼養難度非常高。野生動物與馴化動物不同，馴化動物長期被人類圈養，已經適應了人為環境。野生動物則保有許多在大自然中生存的本能，為了面對嚴苛的自然環境，野生動物具本能反應，諸如兇猛攻擊、精力旺盛等等。

不同種類的野生動物習性差異很大，不肖商人為了市場需求捕捉野生動物，使牠們被迫與父母分離，在不符合天性的環境中被繁殖、運輸、展示販售，死亡率非常高。一般飼主往往無法提供適合的生活環境，人們也常因為無法容忍野生動物的破壞力而棄養，失去野外求生能力的動物若遭到棄養則無法生存。野生動物難以適應人類的室內生活，也難以保證不傳染帶原疾病，並可能攻擊人類及其他動物。請大家拒絕購買野生動物，諸如：松鼠、土撥鼠、毛絲鼠等等未馴化動物。喜歡不一定要擁有，用大愛杜絕更多悲劇。

以下是幾種野生鼠類：

▶ 沙鼠（Gerbil, *Gerbillinae*）

沙鼠種類多達百種，許多種屬外型、習性相近，店家及飼主可能無法區分牠們精確的種屬。每一種沙鼠習性略有差異，以下介紹牠們共通之處。

沙鼠原生環境大多是乾旱荒漠、沙漠地區，沒有接觸人類（或其他哺乳動物）的機會，牠們通常不會太懼怕人類。牠們能夠適應較大溫差，耐旱，排泄量少。雖然沙鼠生存的野生環境較嚴苛，但飼養時則不需要挑戰動物極限，對牠們而言，20～25℃是較舒適的溫度，24小時應備有乾淨飲水。

沙鼠類擅長跳躍，不擅長攀爬，因此需要較平坦的牆面、加蓋的籠舍，避免牠們因攀爬籠具受傷、跳躍逃家。請注意，此類型鼠**跳躍能力極強**，需要妥善加蓋。沙漠鼠類易出油，且原生環境充滿沙，因此牠們

的**生活環境需要布置一部分沙**。沙鼠類喜好挖掘築巢，建議籠內墊材有深達10公分以上的厚度供牠們挖掘。沙鼠也是每天長途跋涉的動物，需要較寬敞的活動探險空間與滾輪。

　　沙鼠類食性較廣，牠們喜食草、植物、花、果、種子、蔬菜水果、五穀雜糧、昆蟲、肉。相較於倉鼠，沙鼠需要較高的蛋白質，較少的脂肪。人為飼養時，可以餵倉鼠飼料、鳥飼料、刺蝟飼料等，混合蔬菜、少量肉類、少量蟲類，並提供牧草，構成牠們的適當飲食。

沙鼠有很多種，在台灣較少見。

較常見的寵物沙鼠：

● 肥尾沙鼠（Fat-tailed gerbil, *Pachyuromys duprasi*）

又稱通心粉鼠。肥尾沙鼠是較常見於台灣的沙鼠寵物，平均壽命4～5年。肥尾沙鼠的尾巴是牠們儲存養分的部位，**尾巴肥厚程度代表養分是否充裕**，許多飼主飼養沙鼠時喜歡將沙鼠尾巴餵肥，實際上，任何動物過度肥胖都會造成疾病甚至減短壽命。肥尾沙鼠以奔跑而非跳躍作為主要移動方式，因此需要準備滾輪滿足其奔跑天性。肥尾沙鼠缺乏好奇、探險精神，較常見呆呆地坐著讓飼主把玩，表現得十分親人。**肥尾沙鼠易出油，需要時常滾沙**，建議提供充足的沙。肥尾沙鼠為夜行性、傾向獨居的動物，建議一籠一鼠。

肥尾沙鼠肥肥的尾巴是牠們用以儲存養分、水分的部位。

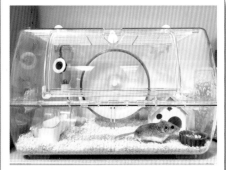

肥尾沙鼠的家範例。

● 長爪沙鼠（Mongolian gerbil, *Meriones unguiculatus*）

又稱蒙古沙鼠。原生於沙漠地區的長爪沙鼠常用於實驗室中，台灣較少見作為寵物，平均壽命2～3年。牠們天性溫馴，為家族性群居動物，兩隻同性別且相互熟悉的長爪沙鼠可以養在一起，但會排斥外來陌生鼠，並攻擊、驅趕。長爪沙鼠飼養環境**需要提供牧草**，牠們會吃草且使用牧草築巢，還喜好挖掘，人道飼養應提供充足墊材（深度10公分以上為佳）。另外，牠們的性格相當溫馴親人、好奇，需要飼主**較長時間陪伴**。

▶ 睡鼠（Glirid, *Gliridae*）

　　世界上的睡鼠有二十多種，是以冬眠而聞名的鼠。台灣常見寵物睡鼠是非洲睡鼠屬的卡倫睡鼠（Kelle's Dormouse, *Graphiurus kelleni*），俗稱為拇指松鼠。平均壽命4〜5年，嬌小的睡鼠身長（不含尾）僅6〜10公分，因**體型細小，非常容易從鐵籠逃脫**。睡鼠就像迷你松鼠，動作敏捷迅速，牠們在樹枝間快速移動。睡鼠雖是群居動物，但對於個性不合的同類也會大打出手，若發生打鬥則無法合籠飼養。牠們是夜行性動物，白天通常不見鼠影。

　　睡鼠體型嬌小，新手很難區分性別。公睡鼠有陰莖骨，用手指在尿道靠腹部上方輕輕左右滑動，可以找到細小條狀陰莖骨。睡鼠性成熟較晚，出生後3〜4個月才比較容易區分性別、具備繁殖能力。環境恰當、互相順眼的睡鼠才會交配，而野生睡鼠一年僅繁殖1〜2次，人為飼養的睡鼠則可能導致繁殖失控。睡鼠一年當中的發情期會情緒較激動，變得愛打架、愛發出叫聲。

睡鼠因人為飼育歷史短，毛色較無豐富變化。

睡鼠需要立體的活動空間，籠舍間隙必須非常細小（間隙寬度需小於0.6公分）才能預防牠們脫逃。使用鳥籠、鐵籠，有較高機率造成睡鼠脫逃失蹤。改造整理箱（間隙小於0.6公分）可能是經濟實惠又安全的籠舍；爬蟲類缸雖然價格較高，但屬市面上相對安全的籠舍。

睡鼠籠舍務必加細密間隙上蓋，並且妥善加固。睡鼠極易逃家，即使是親近飼主的睡鼠也可能逃家失蹤，十分難尋。

睡鼠為雜食偏肉食性，**對蛋白質需求高**，但並非肉食動物。睡鼠在野外以果實、花朵、堅果、昆蟲等為食。根據動物實驗，軟體幼蟲（如蠟蟲幼蟲）是牠們最愛的食材之一，其次是蛋白質含量高的大豆；還喜歡的食材包含：低脂起司、水煮雞肉、雞蛋、莓果、水果等。人為飼養可用貓狗貂飼料，混合大豆類或少量鼠類飼料，搭配水煮鮮食、些許水果、莓果等。

睡鼠衛生習慣不佳，會隨處大小便。牠們有**築巢習慣**，建議提供挑高籠舍、高處樹洞般的小窩、樹枝狀家具、滾輪、築巢材料（如：廚房紙巾）。氣溫太冷時牠們會進入冬眠，請比照一般囓齒動物適宜溫度：20～25℃，且避免太陽直射。

請注意，**睡鼠遇到危險會斷尾**，尾巴斷掉後不會再長出。請避免讓牠受到驚嚇或突然抓住睡鼠尾巴。

▶ 松鼠（Squirrel, *Sciuridae*）

台灣最常見的松鼠是赤腹松鼠（Red-bellied tree squirrel，*Callosciurus erythraeus*），牠們大部分時間獨居，需要的活動空間極大，**有強烈地盤意識**，並不適合當成寵物。全年均可繁殖，5、12月為繁殖高峰期。牠們的體長含尾巴約40～50公分，壽命可達10年，為晨昏行性動物。牠們主要生活空間在樹上，很少離開樹木。松鼠為雜食性，在野外以各種堅果、莢果、漿果、果實、嫩枝芽、樹葉、花朵、鳥蛋、雛鳥、昆蟲為食。在飼養環境中可用少量寵物鼠飼料搭配各式各樣蔬菜水果、堅果，組成適合松鼠的飲食。松鼠具有非常強的活動力，每秒跳躍、移動3～20公尺，需要大量運動、啃咬，飼養環境應提供：高度高且

赤腹松鼠。

松鼠需要大型且空間多變化的籠舍。

寬敞的超大型籠舍、高處樹洞般的小窩、樹枝狀家具、大滾輪、築巢材料（如：廚房紙巾）。

　　松鼠有**非常強的破壞力**，常見咬傷飼主致血流不止的案例，人類無法忍受松鼠銳利有力的爪、牙齒，其指甲快速生長，每2～3天就需要修剪。松鼠長時間籠養可能使牠們憂鬱、自殘，且人類環境難以滿足鼠天性。不肖商人常偷取野生松鼠寶寶販售，離開媽媽的松鼠寶寶生存率較低，成年以後也常因破壞力強大而遭到棄養，遭棄養的松鼠往往因為沒有媽媽教導而不知道如何在野外存活。

　　若在野外、公園發現掉在地面的未斷奶幼年松鼠，建議戴上手套（避免觸摸幼仔），將牠們移至同棵樹幹較安全處，等待松鼠媽媽自行找回幼鼠。

▶ 土撥鼠（Prairie dogs, *Cynomys*）

　　土撥鼠為數種松鼠科野生動物的俗稱，台灣野外沒有土撥鼠，寵物土撥鼠多為走私或私自繁殖之「黑尾草原犬鼠」（Black-tailed marmot, *Cynomys ludovicianus*），體長可達40公分以上，體重達1公斤以上，壽命可超過10年。由於台灣目前對於非犬貓動物販售沒有任何管制，野生動物來源不明，店家時常無法區分野生動物品種，或是以低價品種

代替，將其他野生動物幼體當作黑尾土撥鼠販售的案例層出不窮。土撥鼠原則上為草食性動物，可參考兔子和天竺鼠的餵食方式。不同之處在於，土撥鼠可以消化動物性蛋白質，牠們在野外也會捕食昆蟲。牠們是晝行性動物、**具有群聚性**，所以非常需要同類或飼主的大量陪伴、互動，許多飼主覺得飼養土撥鼠跟狗很類似。土撥鼠在野外建造規模達數十公尺的地下隧道，因此土撥鼠飼養條件非常嚴苛，每隻土撥鼠至少需要5平方公尺寬，1公尺深的土質飼養缸，**供土撥鼠挖土滿足其天性**。土撥鼠也非常喜歡跑滾輪，建議飼主提供大型滾輪幫助牠們消耗體力，以免土撥鼠破壞家具。

台灣常見商家販售北美黑尾土撥鼠，然而國外已有數起土撥鼠傳染致命疫病的案例，且專家提出警告，人類與野生動物長時間相處有可能引發毀滅性的病毒熱潮。若將土撥鼠帶至戶外散步，可能感染齧齒類動物相關病毒細菌。然而，體型大、活動量大、智能較高的土撥鼠若終生關養於室內，可能造成憂鬱等心理疾病。

土撥鼠天性需要挖土與陪伴。

毛絲鼠又名美洲栗鼠，別名毛絲鼠、絨鼠、栗鼠。野生毛絲鼠為**一級保育類野生動物**，在台灣私自飼養、販售、繁殖毛絲鼠將觸犯野生動物保育法，最高可處5年有期徒刑，150萬元罰鍰。蒐證向警察單位檢舉飼養、販售來路不明的毛絲鼠可獲得獎金最高10萬元。透過正當管道進口、繁殖之毛絲鼠價格高昂，取得不易。

人道飼養毛絲鼠的適當溫度為15～22℃，毛絲鼠對溫度的**忍受上限是25℃**，牠們的原生環境溫度範圍是8～25℃。台灣氣候型態不符。有些人認為自己的毛絲鼠在30℃高溫下仍可存活，實際上讓牠在25℃以上生活形同虐待。毛絲鼠為夜行性，群居動物，原本生活在南美洲安地斯山脈高原的牠們**喜歡跳上跳下**，需要多層跳台的挑高籠舍。食性與兔子相近，以草為主食，適量蔬菜、水果、種子類為輔。毛絲鼠智能較高，飼養於人類家庭易發生憂鬱等心理不適應狀況。

毛絲鼠雖然可愛，卻需要寒冷的氣候，不適合於台灣飼養。

2 飼養前的準備

養寵物不是遊戲，而是愛的傳遞

　　一般市面上鼠類小寵物的價格較低，牠們體型小、壽命短，很多人因此覺得：「鼠的價格低，死了、不見了只要再買一隻就好。」實際上鼠跟其他動物、包括人一樣，牠們會感受到痛苦、快樂，生活在小鐵籠、炎熱的環境裡對牠們來說非常痛苦。將小動物當成玩具、蒐集品而忽略牠們的需求，實際上是很殘忍。正因為鼠很小，需求也很少，我們更容易善待牠們，只要一點小小的用心，就可以讓牠們一生無憂！

　　每一種鼠天性差異很大，飼養前的準備也會截然不同。飼養寵物鼠之前如果能先認識牠們，才會清楚知道自己是否能夠照顧牠們一生唷！

Point **飼養前必須考慮清楚的重要事項**

☐ 鼠可能不像貓狗一樣愛撒嬌，甚至不喜歡給人抱，是否能接受？

☐ 鼠可能因為害怕、憤怒而咬人，是否能接受？

☐ 許多鼠都愛好自由，牠們一天到晚都想逃家。鼠若逃出籠舍，常發生失蹤或死亡，是否可以充分預防？

☐ 鼠大多不適應台灣悶熱氣候及溫差，能夠為牠們準備避暑環境嗎？

☐ 許多鼠是夜行性動物，可以接受鼠在夜間製造噪音嗎？

☐ 鼠的生理變化快，需要每日檢視身體情況，避免疾病快速惡化，能夠妥善照顧牠們嗎？

☐ 並非所有貓狗醫師都可以醫治鼠類，是否知道鼠醫生在哪裡？

☐ 鼠很愛乾淨，你願意時常清潔籠舍為牠們維持健康與快樂嗎？

鼠時常抵抗主人親親

那飼養天竺鼠呢？

　　天竺鼠與其他鼠類飼養方式差異非常大，牠們體型較大、食量大、排泄量大，需要的空間設計也截然不同。天竺鼠很可愛，但是你準備好接受繁重的照顧工作了嗎？

column 　　**我適合養什麼鼠呢？** 自我檢測表

□**家裡有小小孩嗎？** 你可能適合性格比較溫和的鼠。
性格溫和鼠排名：1.天竺鼠　2.大鼠　3.黃金鼠

□**第一次養鼠嗎？** 你可能適合飼養方式較簡單的鼠。
飼養容易排名：1.三線鼠　2.一線鼠　3.老公公鼠

□**家裡空間小嗎？** 你可能適合體型較小的鼠。
體型嬌小鼠排名：1.老公公鼠　2.三線鼠、小鼠

□**沒有太多時間每天陪伴寵物嗎？**
不陪也不寂寞鼠排名：1.老公公鼠　2.一線鼠　3.三線鼠

□**想要養可以培養感情的鼠嗎？**
互動良好鼠排名：1.大鼠　2.天竺鼠　3.小鼠

□**沒有太多精力常常打掃嗎？** 這些鼠可能會讓你卻步。
排泄王鼠排名：1.天竺鼠　2.大鼠　3.小鼠

3 寵物鼠生理構造介紹

 倉鼠的生理構造

　　台灣常見倉鼠有黃金鼠、三線鼠、一線鼠、老公公鼠，以下介紹牠們的生理構造。

1. 黃金鼠的生理構造

眼耳鼻

　　黃金鼠有突出的黑色大眼，聽覺、嗅覺、觸覺十分靈敏，牠們雖然視野廣闊，但視覺成像比較不清楚，無法透過眼睛分辨高度，易跌落受傷。

　　黃金鼠有圓圓大大的耳朵，可以聽到超聲波，因此有時明明很安靜，牠們卻顯得很警戒或焦慮，可能就是因為聽到其他聲音。環境中的噪音、電器聲、異味、天敵氣味等等，都會讓牠們變得焦慮。

倉鼠的眼睛雖然又黑又大，但實際上牠們看不太清楚。

口

　　黃金鼠有不斷生長的上下門牙，還有小小的臼齒。齧齒類小動物的門牙會不斷生長，所以需要不斷地磨牙才不會造成穿刺。上下門牙長度比例約為1：3，呈現黃色，如果呈現白色是因缺乏鐵質。牠們的小臼齒其實跟人類一樣容易蛀牙，給予太甜、太黏的食物，若殘留造成蛀牙的話，治療會很困難喔！

黃金鼠正常健康的門齒。

牙齒變白是營養不良的症狀之一。

頰囊

　　頰囊是倉鼠的特色構造。頰囊是從口腔內往臉頰延伸出去到肩胛的囊袋，裝滿東西時的倉鼠就像傘蜥蜴一樣，頰囊會誇張地鼓起。頰囊主要功能是儲存、搬運食物，有時候母鼠也會將幼仔藏進頰囊搬運。許多新手飼主看到倉鼠將紙巾、木屑等裝進頰囊時，會緊張地以為倉鼠將墊材給吃了！實際上牠們回到巢穴後就會將墊材取出。

黃金鼠的頰囊可以容納非常多東西。

身體

　　看見黃金鼠身體兩側有無毛、較粗糙的深棕色斑塊，可別以為是傷口，那可是標誌地盤、刺激交配的臀腺，也就是俗稱的香腺。公鼠的臀腺比母鼠面積大，顏色較深較明顯。

　　黃金鼠的適宜溫度為20～26℃。如果低溫突然降臨，可能會使黃金鼠進入冬眠（假死）低代謝狀態，這對黃金鼠來說非常危險，甦醒的機率不高。

有些鼠在這個部位會出現如圖的黑色素沉澱。

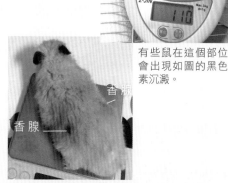

香腺

香腺 ——

黃金鼠身體兩側的香腺位置。

四肢

地鼠們的爪子銳利、指甲不斷生長,在野外用來挖掘地道,在家裡則無用武之地,有時指甲過長,但牠們通常會自行磨短。牠們尾部短,只有短短覆毛的尾椎。四肢也短,前掌有4趾,後足有5趾。可以靈巧拿取食物、整理墊材、推開不喜歡的東西等等。黃金鼠擅長在平面奔跑,卻不是很擅長跳躍、攀爬,牠們時常太過自信,卻摔個四腳朝天,甚至折斷自己的四肢。

黃金鼠的四肢短短小小,雖然不擅長,但還是常爬上爬下。

生殖與排泄

成年公倉鼠有兩顆大睪丸,平常可能縮在腹腔內,天氣熱、放鬆、興奮時會完全下降至外生殖器陰囊內,形成兩團巨大陰囊。有些新手飼主第一次看見公倉鼠完全下降的睪丸,會驚慌以為倉鼠長了腫瘤。母倉鼠則有6或7對乳頭,看起來像鈕扣一樣,從胸口延伸至腹部溝部。公鼠尿道開口與肛門的距離較遠,母鼠尿道開口、陰道口、肛門三者距離較短,分辨尿道口下方是否有陰道口,可以較準確判斷性別。母倉鼠發育較早,約出生35日齡即可能性成熟,亦即可以交配繁殖。此外,糞便含有益之菌叢及營養素,倉鼠食糞行為是正常現象。

公黃金鼠的生殖器相當明顯。

睪丸————
尿道————
————肛門

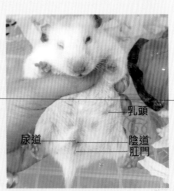

母黃金鼠的生殖器及乳頭。

————乳頭
尿道————
————陰道口
————肛門

鼠界冷知識：為什麼蛋蛋會報天氣

公鼠的睪丸在天氣熱時看起來非常明顯，因為鼠睪丸可在體腔及囊袋兩邊移動，溫度高時，睪丸會完全垂下至囊袋內散熱。因此許多新手飼主在天氣冷、鼠緊張、或鼠年幼等睪丸不明顯的時候，誤將公鼠判斷為母鼠。此外，鼠也有可能因身體長期疼痛，導致睪丸縮在體內不下降。隱睪症也會發生在倉鼠，造成睪丸不下降。

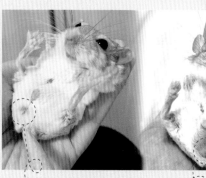

天氣冷蛋蛋縮。

天氣熱蛋蛋鬆。

2. 小型倉鼠（三線鼠、一線鼠、老公公鼠）的生理構造

小型倉鼠也同樣具有容量可觀的頰囊，尺寸可觀的睪丸，前肢善於抓握食物。他們都善於奔跑，但是對於自己攀爬、跳躍的本領過於自信，有摔傷、骨折的可能。他們同樣有不斷生長的黃色門齒，容易蛀牙的臼齒。小型倉鼠嘴巴內側也有腺體，遇到危險時可能會從嘴巴的腺體噴出臭味驅趕天敵。小型倉鼠的原生環境氣候較乾燥寒冷，適溫同樣為20～26℃。母倉鼠發育較早，約出生35日齡即可能性成熟，亦即可以交配繁殖。此外，糞便含有益之菌叢及營養素，食糞行為是正常現象。

小型鼠的健康黃牙。

門齒過長。
照片提供：亞馬森特寵專科醫院

三線鼠的小手與頰囊。

小型倉鼠受到驚嚇時，露出嘴巴內側腺體，可能伴隨臭味。

三線鼠體長9～11公分，腳掌上有毛髮，牠們的香腺（腹脇腺）在腹部中央，公鼠香腺較明顯且氣味較重。母鼠也有排釦般的4對乳頭。光照縮短或氣溫下降較多時，三線鼠可能會轉換毛色，轉變為雪白的冬季偽裝毛色，因此有「冬白」的別名。三線鼠與黃金鼠不同，牠們不會在寒冷時進入假死狀態，而是每天的睡眠時間增長。

公三線鼠的睪丸完全落下時十分明顯。

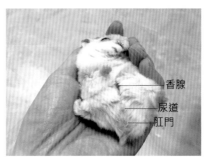

香腺
尿道
肛門

公三線鼠的香線及生殖器位置。

　　公三線鼠睪丸未完全落下時，新手可能難以區分性別，此時需要仔細觀察尿道下方是否有第三個洞洞，也就是「陰道口」。母鼠有尿道、陰道口、肛門，外觀是三個距離較近的小洞。然而，合籠遭受攻擊的鼠可能因為生殖器官附近太多傷痕而誤判性別。

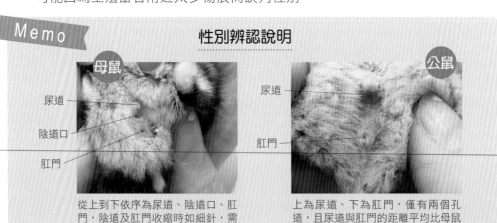

Memo

性別辨認說明

母鼠

尿道
陰道口
肛門

公鼠

尿道

肛門

從上到下依序為尿道、陰道口、肛門，陰道及肛門收縮時如細針，需要仔細辨別是否為三個孔道，乳頭可作為辨認時的輔助。

上為尿道、下為肛門，僅有兩個孔道，且尿道與肛門的距離平均比母鼠的距離長。需仔細辨別是否曾合籠遭到攻擊產生疤痕，被誤認為母鼠。睪丸可作為辨認輔助。

一線鼠體型比三線鼠稍大1～2公分，習性與生理構造相近，一線鼠毛色豐富多變，個性稍不親近人類，體態與三線鼠相比較接近圓型，臉型也稍有不同。一線鼠原生環境氣候較寒冷，牠們不會進入假死狀態。

老公公鼠體長僅有4～5公分，同樣具有香腺，老公公鼠較耐寒，牠們不會冬眠。有白化毛色，毛髮較多白色部位的被稱為「老婆婆鼠」。

我的臉比三線鼠圓一點。

一線鼠的臉型與三線鼠略有不同。

老婆婆鼠是羅伯羅夫斯基倉鼠的白化品系。

Memo　　鼠界冷知識：為什麼倉鼠的尾巴那麼短呢？

倉鼠主要在地面及地底生活，生活環境需要長途跋涉，所以牠們身體重心低、四肢短小有力，善於長途奔跑。松鼠、花栗鼠等則是在樹上生活，牠們需要「飛簷走壁」，於是便演化出長長的尾巴，用來平衡身體。

倉鼠的身體構造適合奔跑，牠們在地面活動。

1. 大鼠的生理構造

大鼠身體結實，長長的尾巴約是身體長度的85%，尾巴有環狀鱗片包覆，具備重要的散熱、平衡功能，尾巴的感覺敏銳，請不要隨意拉扯大鼠的尾巴，避免造成牠們尾部皮膚破損脫落及疼痛。大鼠的後肢明顯較前肢長，可以用跳躍的方式加速奔跑。大鼠的肩膀非常靈活且前後肢都有五趾，相較於倉鼠，牠們攀爬、動作都較靈活。

牠們的門牙及指甲都會持續生長，需要妥善磨牙、磨爪，上門牙彎曲弧度比下門牙大，下顎可以前後移動，有時看起來像是

大鼠的尾巴是敏感且重要的部位。

動物如果過胖會影響其健康及壽命。

咬合不正，但其實可以正常進食就不用過度緊張。大鼠的門齒同樣呈現黃色，年齡越大顏色越深。大鼠是非常優秀的雜食動物，也就是說，牠們可以吃的東西很多，也非常懂得分辨可食與不可食。然而大鼠非常貪吃，為了降低牠們日常的脂肪攝取量，

鼠的紅色眼睛對光線較敏感。

應提升植物性蛋白質攝取量，每日定時定量分多次餵食，避免自由吃到飽的飲食，對牠們的壽命及健康狀況有益。

　　大鼠的眼睛一般為黑色，具有寬廣的視野，但視覺並不清晰。白化大鼠的眼睛為紅色，全身白色，牠們的視覺更差，不適應光線。大鼠的嗅覺、聽覺、觸覺則極其敏銳，還可發出超聲波與同類溝通。

　　大鼠汗腺稀少且無法喘氣，對熱的耐受性不佳，超過37℃會造成死亡。牠們無法透過多喝水散熱，過熱時需要立即降溫，適當的溫度在20～25℃之間。大鼠只能用鼻子呼吸，因此呼吸道系統若遭到感染應積極治療，否則將直接影響牠們的生理健康。

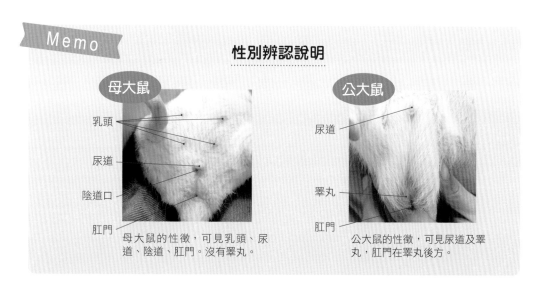

Memo

性別辨認說明

母大鼠

乳頭
尿道
陰道口
肛門

母大鼠的性徵，可見乳頭、尿道、陰道、肛門。沒有睪丸。

公大鼠

尿道
睪丸
肛門

公大鼠的性徵，可見尿道及睪丸，肛門在睪丸後方。

公大鼠尿道口與肛門距離較長，睪丸同樣可在腹部和陰囊內移動，將他們身體立起來可以觀察到睪丸落進陰囊。母鼠有多對乳頭，尿道口、陰道口、肛門口的距離較近。大鼠同樣也在出生日齡約35～40天的時候可以繁殖。此外，糞便含有益之營養素，食糞行為是正常現象。

2. 小鼠的生理構造

小鼠生理特性與大鼠接近，差異在於體型嬌小，個性較緊張好鬥，排泄物氣味較重。他們身手矯健，攀爬跳躍靈活度更勝大鼠。小鼠與大鼠不同，小鼠體重輕且尾部皮膚較不易脫落，如果小鼠逃脫，必要時可以捉住他們「靠近身體根部的尾巴」。請小心不要直接拉著尾巴將他們舉起，小鼠可能會在此時回頭攻擊。抓握保定的最佳方法仍然是以雙手溫柔捧握住他們，以培養信任感。

小鼠體形嬌小，迷你可愛。

Memo　　　　**鼠到底是不是色盲？鼠的視覺如何？**

鼠的視覺是有顏色的，跟人類不同之處在於，他們只看得到綠色和一些藍色。倉鼠、大小鼠的視覺非常模糊，跟人類近視千度的視覺差不多。身為被掠食者，他們可以看見的範圍比較廣，能夠看見近乎360度範圍內的影像。

整體、四肢及感覺

　　天竺鼠的身體矮胖圓滾，跳不太高，以平面活動為主。天竺鼠的聽覺、嗅覺、觸覺靈敏，即便在黑暗中也可依靠觸鬚前進、活動。視覺相對較差，但是牠們有340度視角，不需要轉頭就可以看見前面及旁邊，且擁有主要色彩視覺。

　　天竺鼠的指甲會不斷生長，當指甲過長時可能會導致指甲、腳掌變形等其他問題，飼主應定期為天竺鼠修剪指甲。牠們的前肢無法抓取食物，腳底沒有毛髮但有發達的肉墊，容易因為長時間踩在鐵絲、鐵條上或接觸尿液而發炎，牠們適合在較平坦且與尿液隔離的地墊活動。

天竺鼠圓滾可愛的身體，短短的四肢，外型討人喜歡。

天竺鼠的可愛屁股。

天竺鼠的健康腳掌。

皮脂腺與皮膚毛髮

　　天竺鼠用以標記、分泌費洛蒙的皮脂腺是沿著背部分布，並圍繞肛門周圍。尾巴附近的皮脂腺位於尾骨、肛門背側1公分處，看起來像一塊橢圓形區域，毛髮較黏膩。天竺鼠耳根後方，及股溝區兩個乳頭周圍2～4公分直徑小區塊無毛為正常，耳後兩側無毛區可能有黑色素沉澱。

天竺鼠尾骨上方皮脂區。

天竺鼠耳背、耳根的正常缺毛區。

牙齒及骨骼肌

　　天竺鼠所有的牙齒終生都會不斷生長，顏色為白色。牠們需要進食大量牧草，適當地磨牙維持牙齒健康。天竺鼠的咀嚼為橫移式，因此牠們無法咀嚼太大的顆粒。天竺鼠天生缺乏合成維生素C的酵素，缺乏維生素C將在短時間內引起急性病症且可能致命，因此每日補充維生素C是飼養天竺鼠的重點項目。

　　天竺鼠的脊椎形狀僅適合前彎，不適應任何「站立」或「後彎」的動作，抱天竺鼠時，為避免牠們的脊椎受傷，請避免無支撐直立、後彎、後仰的動作。

天竺鼠所有的動作脊椎都是前彎，做仰躺動作時必須被保護。

生殖與排泄

公母天竺鼠皆有乳腺及乳頭，都可能發生乳腺瘤。公母天竺鼠都有「會陰囊」（俗稱屁囊），會陰囊內常堆積乾酪狀分泌物、毛髮與皮屑，公天竺鼠的會陰囊可能需要飼主協助定期清理，避免異味或發炎。公天竺鼠會陰囊的位置在肛門兩側，母天竺鼠會陰囊位在陰戶後側。

公天竺鼠生殖器外觀較像一支棒棒糖，母天竺鼠生殖器外觀較像丫字型。公天竺鼠陰囊較不明顯，還有陰莖骨，為小型棒狀骨骼，可於尿道上方輕輕觸摸找到，請勿重壓以免生殖器受傷。

母天竺鼠在5～8週時性成熟，公天竺鼠則為10～19週性成熟，母天竺鼠最早可能在4週齡時懷孕。母天竺鼠第一次懷孕若已超過7個月齡，可能會因恥骨鈣化，導致分娩時難產。除此之外，母體肥胖或幼仔太大等其他原因也可能會造成難產，天竺鼠懷孕時應赴鼠專科醫院產檢。

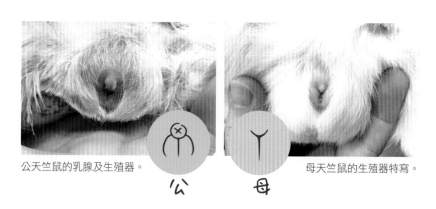

公天竺鼠的乳腺及生殖器。　　　　　　　　　　　　母天竺鼠的生殖器特寫。

公　　　母

　　天竺鼠出生即長毛，體重80～90公克，而且可以自行進食、走動，20日齡斷奶。新手較難辨別幼天竺鼠齡，因此寵物店常販售剛出生的天竺鼠，若冒然買回來未滿20日齡的幼天竺鼠，死亡率較高。幼天竺鼠仍需透過與母親的相處學習生活技能，母鼠的糞便可以提供初生天竺鼠所需的腸道益菌叢，當幼鼠過早離開母鼠時，常因恐懼無助而拒絕進食。

出生 3 日的幼天竺鼠。

Chapter 2

和愛鼠的相處

1 認識鼠寶的習性

倉鼠的習性

　　倉鼠為夜行性動物，夜間活動，白天休息。牠們在野外生活的環境較貧瘠，需要長途跋涉，用頰囊搬運食物及墊材回到巢穴，並且有儲存大量糧食的習性。倉鼠不喜歡牠們儲存的食物被清掃丟棄，因為將其視為財產。食物儲存時間過久可能產生細菌、發臭，飼主定期全部清空後將新的飼料交給倉鼠，牠們心情會比較平衡。

　　倉鼠熱愛大範圍奔跑、探險，喜歡收集食物及墊材。倉鼠是被獵食者，所以對環境警戒且膽小。野生倉鼠居住在地底洞穴，若在睡覺時被打擾，按照習性牠們會以為有天敵入侵而憤怒反擊，並且想要逃跑。如果用手指打擾牠們睡覺，會被咬傷喔！

　　倉鼠有許多品種，老公公鼠、一線鼠、三線鼠在野外為家族性群居，能夠跟從小一起長大，相互熟悉的倉鼠組成家族。原則上任何倉鼠遇見不熟悉的鼠，會採取驅逐、攻擊動作喔！黃金鼠是獨行俠，成年黃金鼠只有交配期會短暫相處。

倉鼠在野外長途跋涉，以植物、昆蟲為主食。

　　人為飼養環境能夠提供的空間有限，當倉鼠在空間有限的籠舍時，牠們常會認為資源及空間不足，進而對同伴產生敵意。以40×60公分底面積籠舍為例，最多僅能飼養2隻老公公鼠，其餘倉鼠類在這樣尺寸的環境中均會發生鬥爭。

　　國內外專家均建議：任何鼠類都可能跟同伴個性不合，嚴重鬥爭時需分籠飼養。倉鼠類僅有部分品種可在適當條件下少量合籠飼養。例40×60公分底面積籠舍合籠飼養2隻個性相合的老公公鼠；80×60公分底面積籠舍，可能飼養2隻個性相合的一線鼠。其他倉鼠則不建議合籠飼養，黃金鼠應禁止合籠飼養。

注意 不同品種倉鼠請勿接觸、合籠，易發生致命鬥爭。

遭同類攻擊的三線鼠。　黃金鼠合籠飼養，遭到同類攻擊，身上有多處嚴重傷口。

此外，所有倉鼠繁殖力強大，全年可繁殖，兩隻倉鼠在3個月內可繁殖突破百隻。

民眾家中有超過百隻三線鼠，因繁殖失控請求愛鼠協會援助。

馴化大小鼠的祖先跟隨著人類聚落而存在，牠們在人類居地環境適應良好，喜歡躲藏在地下、隱密遮蔽處。大小鼠為夜行性動物，十分聰明，有各種社群行為，是階級角色分明的群居動物。大小鼠都喜歡探險、玩耍、啃咬、享用各種各樣的食材。飼主需要提供豐富的環境變化，無論是玩具、遊戲間、同伴，還有主人的陪伴、美食都很重要。大小鼠常見肥胖問題，請為牠們規劃適當的飲食。大小鼠若未結紮，公鼠之間常打鬥爭奪主導權，需要密切關注，同時謹慎照護鼠身上打架造成的傷口，傷勢感染可能發展為嚴重的膿瘍，甚至引起敗血。打鬥情況無法緩解者需要隔離。

小鼠之間常見強制理毛（拔毛）行為，強勢鼠宣示主從關係的社交行為，弱勢方常被拔除嘴巴、臉頰附近的毛髮。可以適當增加鼠群數量，分擔此行為。時常撫摸每隻鼠，在牠們身上留下飼主氣味，重新確認主從關係。

請特別注意鼠類繁殖力強大，雖然牠們需要同伴，但請謹慎防範異性同籠或接觸，鼠類可在短時間內大量繁殖，數量驚人。

大小鼠們時常可以跟同類和平相處，牠們需要豐富的環境變化。

　　天竺鼠祖先生活在安地斯山脈草地上的岩縫、灌木叢、洞穴間，牠們不會挖掘自己的巢穴，而是成群結隊到處尋找隱密處躲藏。天竺鼠為晨昏行性動物，光線昏暗時會變得特別有精神。牠們在草地上沿著遮蔽物奔跑、覓食，但不會抓取食物、無法爬高。天竺鼠沒有頰囊，不會儲存食物。牠們是絕對意義的群居動物，也就是說，牠們非常重視同伴，若失去感情深厚的同伴可能會憂鬱。天竺鼠有較高的合群機率，但仍有個性不合大打出手的情況。如果家中無法飼養兩隻以上天竺鼠，孤單一隻天竺鼠就會需要飼主、家人較長時間的陪伴。天竺鼠有各種各樣的叫聲、肢體語言，用來表達自己的情緒，跟同伴互動溝通。牠們聚在一起的時候喜歡聊天，發出各種碎念、叫聲。太吵雜的環境會使牠們害怕、緊張，但如果環境一直太過安靜，天竺鼠也會緊張的唷！

　　天竺鼠記憶力相當好，只要一兩次經驗，牠們就可以記住人類餵食時的聲音、腳步聲、起床聲等等。若是天竺鼠認為人類要餵食，人類卻突然反悔，牠們可是會失望大叫的喔！

天竺鼠原生活於山間草原。

天竺鼠重視同伴。

2 鼠寶的常見行為和動作

● 所有鼠類共同行為

理毛

　　牠們會利用自己的前肢及口舌，充分洗臉、洗澡。除了天竺鼠清理範圍較小，其他鼠類都會將自己每一處清理乾淨。如果鼠變得不愛清理自己，很可能是生病了喔！

鼠寶每天起床和睡前，都會清理自己喔！

啃咬

　　牠們不斷生長的牙齒就是需要啃啃啃，除了磨牙、進食以外，啃咬也時常是牠們表達情緒的方式。焦慮、想引起注意、想破壞籠舍逃家時，牠們也會啃咬籠舍。

許多鼠總是想破壞籠舍逃家。

伸懶腰、打哈欠

　　牠們跟人一樣，剛起床、久臥後常伸懶腰、打哈欠，伸展身體、張開大大的嘴巴，好像迷你酷斯拉一樣！

食糞

　　許多鼠類都有食糞行為，幼鼠藉由食入母鼠的糞便獲得腸道益菌，成年後也保留此習慣，藉由食糞將未消化的營養素、腸道益菌回收。

迷你酷斯拉起床啦！

騎乘

鼠類騎乘同類可能表示地位宣示、爭奪主導權，或者是交配。通常被騎乘的一方會有受到壓迫的感覺。

發情動作

母黃金鼠發情時變得敏感，時常身體僵硬、翹起屁股及尾巴，陰部分泌物散發濃厚氣味。母天竺鼠發情時變得愛叫，食慾可能下降。

各種鼠都會用香腺摩擦牆壁、物體、地面，用以標示氣味、領地、求偶，可能食慾下降。

鼠騎乘行為除了交配以外，也是宣示地位的展現。

母黃金鼠發情標準動作：身體僵硬，尾部抬起，陰道產生分泌物。

● 其他個別不同行為

打包食物、墊材（倉鼠類）

具有頰囊的倉鼠就像擁有兩個口袋，牠們喜歡把食物、墊材都放進頰囊裡，帶回自己的儲藏室、小窩，再把頰囊裡的東西取出來。

築巢（倉鼠、小鼠等）

倉鼠、小鼠、睡鼠、沙鼠等喜歡築巢，將籠舍內鋪設的墊材布置成舒適的小窩。鼠類喜歡有兩個以上洞口的穴狀巢，牠們會因此感到安心舒適。

滾沙（小型倉鼠、沙鼠類）

小型倉鼠會在沙上打滾，清理毛髮。

正在打包墊材的黃金鼠。

從肢體語言察覺鼠寶的心情

 倉鼠、大小鼠的心情訊息

● 生氣

◎ 鼠瞇起眼睛，時常是不開心、不悅、討厭的意思。

◎ 鼠嘴巴震動，甚至發出「刻刻刻」十分銳利的磨牙聲，表示生氣。

◎ 小型鼠們作勢往前撲抓、撲咬，也是生氣、害怕、威嚇的意思。

鼠媽媽被寶寶們吵得心情很糟。

在寬敞空間會讓鼠緊張逃竄。

小型鼠嘴巴大張，露出腺體，有時候甚至噴出惡臭。

● 警戒

◎ 倉鼠、大小鼠以後腳站立，左右張望地嗅聞，有好奇、警戒、探索的意思。

◎ 倉鼠們匍匐在地，耳朵、腹部、身體壓地快速前進，是警戒、害怕想要逃走。

警戒中的黃金鼠。

● 害怕

◎ 張大眼睛，身體僵硬動也不動，是鼠覺得危險、害怕。

◎ 當倉鼠類四腳朝天、翻肚時，常是防衛攻擊前兆，牠們因害怕準備咬人。

◎ 三線鼠張大嘴巴，露出腺體噴發臭味，是害怕、驅趕的意思。

因為害怕而四腳朝天的幼鼠。

鼠露出牙齒是因為口腔內有敏銳的嗅覺腺體，牠們在緊張時露出牙齒，想要聞得更清楚到底有無威脅。

● 發呆

◎ 倉鼠類尤其是黃金鼠，常常突然動也不動，像是「當機」了。實際上是牠們錯愕、判斷失誤的反應，只要接受到一些無法理解的訊息時就會呈現此狀態。

剛被吵醒還很迷糊的黃金鼠。

● 開心

◎ 所有的鼠類開心時都會動作輕快，跳來跳去。

◎ 小鼠開心時也會甩甩頭。

小型倉鼠有時也會發呆定格。

◎ 非常開心時會「甩頭跳」，也就是大家說的「爆米花跳」，動作非常可愛。

◎ 頭部抬高，全身緊繃不動，鼻子抽動，表示牠正在警戒、觀察。

◎ 天竺鼠、倉鼠類被嚇到都會大聲尖叫，緊張時會連續地小聲叫。

◎ 無精打采、不想動，可能是不舒服、壓力大、緊張等表現。

◎ 頭部放低前傾，眼睛半閉，身體貼地和縮在角落，叫聲尾音拉長，是求饒、哭泣的意思。

◎ 抬起下顎，露齒往前衝，頸部毛豎起，有時一前腳離地，攻擊驅趕的意思。

剛到陌生環境，怕生的天竺鼠。

天竺鼠得到愛與零食，眼神露出笑意。

4 如何和鼠寶玩耍

　　鼠是膽小、嬌小的動物，我們對鼠而言像是超級「巨人」，打個噴嚏也會讓鼠嚇到翻身喔！切記與鼠互動時，動作一定要保持「輕柔」，聲音要「細小」。溫柔地對待鼠寶，鼠寶也會瞭解「巨人」其實是很溫柔的喔！

　　請注意，鼠類動物咬人或是做出我們不喜歡的事情時，千萬不可以打牠！除了鼠可能受重傷之外，膽小的鼠會因此認為人類是危險動物，好不容易建立的信任感會因此徹底崩潰。輕輕吹氣、輕輕推開鼠、發出聲音嚴肅警告，是鼠可以理解的方式。

黃金鼠通常可以變得非常信任人類。

小動物們最喜歡的活動是吃美食！

天竺鼠與人類通常互動良好。

幫天竺鼠理毛也是建立信任感的方法。

倉鼠在睡覺時非常討厭被打擾，有很高的機率咬人。大部分新手第一次被咬，都是因為打擾倉鼠睡眠。

鼠們最喜歡的活動大概就是離開籠子出去玩了，牠們想要四處探險，常常不願意留在主人手中。如果布置一個安全的遊戲區，飼主可以坐在遊戲區內陪伴鼠們四處探險，鼠也會來跟主人打招呼、撒嬌喔！大鼠、天竺鼠體型較大，牠們不像小型鼠容易走失，可以利用家中更多的空間供牠們探險、玩耍。

除此之外，「美食的獎勵」也是所有動物最喜歡的遊戲。

別吵我！我可是有起床氣的喔！

鼠會逐漸熟悉巨人的溫柔喔！

飼主可以一起坐在遊戲區內陪伴鼠寶。

拍沙龍照、吃下午茶，可能也是天竺鼠擅長的活動之一。

許多飼主在家中布置遊戲區給鼠寶放風。

倉鼠、小鼠等體型小的鼠若是隨意在房間內放風，很有可能鑽進縫隙不肯出來，甚至逃家失蹤，因此鼠鼠放風時應注意安全。常見的放風方式有下列的幾種：

● 滾球

部分國外動物保護團體認為，滾球可能有虐鼠疑慮，理由是在滾球內滾動時，鼠鼠的聽覺、觸覺受到刺激，牠們可能其實非常害怕。

我們依據經驗及測試則發現，許多鼠鼠其實熱愛滾球，牠們時常主動爬進滾球玩耍。以下是使用滾球放風的注意事項：

1. 觀察鼠鼠意願。如果鼠不喜歡就不強迫。
2. 確實將滾球的蓋子鎖好，建議從外部黏上一小段膠帶，避免滾球在碰撞時蓋子彈開。
3. 確認滾球不會滾到樓梯、出口處，發生危險。
4. 鼠一次滾球運動時間請以10分鐘為單位，每10分鐘讓鼠休息、喝水。因滾球內容易累積熱氣，造成中暑。

飼主可利用滾球讓鼠寶放風，請注意滾球一次使用僅限 10 分鐘，且應從滾球外部將蓋子貼牢，避免在碰撞中蓋子脫落造成鼠失蹤。

放風時間是網美鼠的最佳照相時機。

滾球要避開危險地形。

● 遊戲間

僅適用於倉鼠、天竺鼠等跳躍力不佳的鼠。

1. 較穩固的材質可以製作遊戲間，如：木片、拼裝式整理箱、PP板、巧拼等。
2. 圍牆高度必須是倉鼠身長的4倍，黃金鼠需要35公分以上。
3. 圍牆建議固定於地面，以免鼠鼠推動或搬移圍牆造成逃家。遊戲間的遊樂設施也請避免貼放於圍牆前，避免鼠鼠爬上遊樂設施跳躍圍牆。
4. 請勿將鼠飼養或長時間置於遊戲間，避免發生危險或逃家。
5. 使用遊戲間時，飼主請在旁陪同。

鼠逃家、逃出遊戲間的功力一流。　小小的鼠只要一轉眼就不見蹤影。

● 安全的房間

　　沒有縫隙躲藏、無法逃出的房間適合所有鼠種。請注意收妥房間內的危險物品如：電線、插座、有毒盆栽、乾燥劑、化學藥劑、老鼠藥、黏鼠板等等。鼠在房間內活動時，人類應盡量避免開關門、抽屜、走動等危險動作。

Chapter 3

愛鼠的日常照護

鼠剛帶回家怎麼照顧

迎接了新的小小成員回家，心裡一定很雀躍，但是總有點不踏實，該怎麼照顧牠們呢？

 ## 鼠從何處來？

1. 從愛鼠協會認養

從愛鼠協會收容中心認養回家的鼠，已經過一段時間照料、觀察。這時候，只要按照一般的倉鼠、大小鼠的飲食、天竺鼠的飲食、一年四季都舒適的家開始照顧牠們（參考第4、5章），每3～6個月健康檢查一次就可以囉！如果鼠鼠到了新家比較緊張，前3天讓牠們在籠內自己安靜熟悉環境，暫時不要打擾。

2. 從網路上、鄰居朋友認養

一般飼主時常因合籠飼養繁殖過量鼠寶，但通常這些鼠寶十分健康，不過認養回家後仍需觀察母鼠是否懷孕，鼠寶寶是否過早離乳。建議盡快帶至鼠專科醫院進行健康檢查。

愛鼠協會收容中心的健康三線鼠。

生產前兩天的孕鼠。

剛認養回家卻臨盆的天竺鼠。

3. 從寵物店購買

　　從寵物店購買的幼鼠常有「過早離乳」及「感染問題」。面臨發育不良，天生免疫力低落。外傷傷口感染，身體感染，常見短時間內虛弱死亡。幼鼠也常因失溫或中暑死亡。此外，寵物店買回的鼠時常懷有身孕。

從寵物店帶回，卻發現滿身是被攻擊傷口的銀狐鼠。

剛出生就被迫離開母鼠而恐懼不安的幼天竺鼠。

 鼠寶剛帶回家要做的事情

1. 盡快帶至鼠專科醫院健康檢查。鼠專科醫生可以看出鼠是否過早離乳、身體虛弱等等問題，並提供最直接、最需要的建議。

2. 觀察鼠是否順利進食，如果發現鼠寶寶咬不動飼料、食量少，請參考第5章，給予妥善照顧。天竺鼠寶寶常因過早離乳、離開媽媽又轉換環境而感到緊迫，拒絕進食，請提供安靜、陰暗的小窩，利用布或躲藏窩，讓牠們安靜地躲藏，通常牠們就會開始進食囉。請注意，天竺鼠寶寶需要每天補充專用維他命C飼料。

專科鼠醫生可以提供最可靠的訊息。

可以將飼料磨小塊，供咬不動的弱鼠進食。

3. 幼鼠易失溫、易中暑，鼠籠溫度應維持在22至25℃，冬天請不要使用陶瓷窩。並給予充足的碎廚房紙巾當作被窩，幼鼠可能還不太會整理自己的窩，可以動手幫牠鋪一個蓬鬆的床。

剛帶回家就虛弱無力的鼠需要立刻就醫！

4. 少打擾、多觀察。鼠帶回後3～7天盡量少打擾。若有任何異狀如：腹瀉、眼睛張不開、身體軟綿無力、不吃東西。請火速送醫。

5. 避免餵食幼鼠生鮮蔬菜水果，待2個月以上成年健壯後才循序漸進，餵食多樣各種食物。幼天竺鼠滿一週齡可餵食少量蔬果。（可參考第5章）。

6. 安全互動。幼鼠緊張就會爆衝，即使是老手也會摔傷幼鼠，請一定要在低處、軟處與鼠寶寶互動。

長大後再吃蔬菜喔！

7. 倉鼠類因地域性強烈，鬥毆易造成各種感染致死，請一籠一鼠飼養。任何鼠類（含天竺鼠）繁殖力強大，未結紮異性同籠將造成過度繁殖問題。

為了避免摔落，許多人選擇在床上與鼠互動。

② 每日觀察重點

 平常要注意的事情

鼠類動物生存能力強，提供牠們適當生活環境，許多鼠都可以健康終老。然而鼠類動物的天性會隱藏病情，避免被獵食者鎖定，因此飼主要更加細心才能觀察到牠們是否不舒服。鼠類動物生理變化快，病程短，中暑、失溫可能在短短10分鐘內致命，其他疾病也可能在幾天內惡化到難以救治的地步。每天觀察鼠鼠的狀況，可以盡早發現問題、預防問題，既省事又可提升鼠鼠生活品質。

雖然牠們體型小、壽命短、不會說話，但是牠們對於身體疾病、痛苦的感受跟人類一模一樣，牠們需要的不多，症狀出現時盡早處理，才是最省事、最仁慈的方式。

● 每日觀察與紀錄

1. 鼠的精神、食慾、外觀、體重

所有鼠類在健康時，都會勤於打理自己，鼠是否健康最重要的指標之一是：毛髮是否整潔。

鼠每日作息受到光線及環境影響，其實是十分規律的。除了天竺鼠看起來睡睡醒醒，偶爾活力充沛之外，其他鼠大多在夜間活躍。飼主可觀察自家鼠寶都是在什麼時候起床活動、今天是否突然改變作息了呢？天氣寒冷（日照縮短）時，鼠可能也會減少活動時間。如果氣候穩定，鼠卻突然都不起床活動了，可能就要注意牠是否生病了。

每日檢查鼠的食量，打開小窩、看看食盆，觀察鼠是否連續好幾天不愛吃飯？是否牙齒出了問題、身體疼痛不適？

建議飼主為小動物準備體重秤，每日為鼠秤重，若連續數日體重下降達10%，則應紀錄並提高警覺。

2. 溫度、溼度紀錄

鼠對溫度感受敏銳，每天都應該觀察是否太熱或太冷。人道飼養環境溫度是20～25℃。溼度為50～70%。

3. 鼠的活動力

鼠在籠內活動時，是否跟平常一樣眼睛明亮、動作敏捷、四肢協調、毛髮乾淨？

鼠是否像平常一樣伸懶腰、清理身體、站立張望、抓取食物、奔跑、攀爬、正常進食？天竺鼠的正常活動則包含走、跑、跳、鑽縫、伸展、躲藏、覓食與啃食。如果鼠不清理自己、不想吃東西、走路會摔跤、轉圈、歪斜、跛腳，都需要盡快就醫諮詢。如果出現無精打采，蜷曲身體蹲在角落，睡不好、也不想動的狀態。可能是身體不舒服、疼痛等，需要就醫諮詢。

4. 其他身體異常

鼠的眼睛正常為圓亮無過多分泌物。若出現眼周腫起、皮膚紅腫、過多分泌物，總是黏住睜不開為異常，需要就醫。

倉鼠頰囊有腫團、無法取出頰囊內的食物、嘴巴有腐敗口臭為異常，需要就醫。

觀察皮膚表面是否健康光滑，為粉紅色、暗紅色屬正常。皮膚若發紅、腫起、產生皮屑、出現傷口甚至流膿、出現不明斑塊則為異常，需要就醫。

呼吸正常無聲，緊張時可能出現呼吸雜音，是為正常。時常出現水聲、堵塞聲、打噴嚏、鼻孔出現過多鼻水，甚至是有顏色的鼻涕為異常。正常呼吸起伏穩定。拱背、快速喘氣可能為劇烈疼痛、呼吸困難症狀，請盡速就醫。

身體任何部位出現不明團塊、腫瘤、腫脹，或是有腐敗惡臭的情況

為異常，需要就醫。

　　排泄時有困難、發出叫聲等，為異常，需要就醫。

　　鼠類小動物生理變化快，病程也很短，病情可能在兩三天就有大幅度的惡化。當鼠精神、食慾、體重下降，外觀出現異常，建議盡快帶鼠看醫生，蒐集越多細節、越多資訊，更有利醫生判斷病情。

鼠的眼周紅腫，快快諮詢醫生吧！

每天幫鼠秤體重，有效監控鼠的健康狀況。

眼睛明亮、膚色粉紅、四肢正常靈活、愛吃愛玩是健康保證！

耳朵全開的健康黃金鼠。

三線鼠看起來虛弱、受傷、毛髮糾結，非常需要盡快就醫。

鼠的頭歪歪不是在裝可愛，這是歪頭症，快點帶鼠去看醫師喔！

5. 鼠的飲水量

鼠是否正常飲水呢？飲水量明顯持續暴增，需要就醫；飲水量過少，可能造成身體負擔。每天應檢查鼠喝水量，確認水瓶出水正常，水質乾淨。若鼠不愛喝水，可以新鮮蔬菜補充水分喔！

寵物鼠適當的飲水量是依照體重計算，小型鼠每日建議攝取5ml，黃金鼠每日建議飲水量為15ml，大鼠每日飲水量建議為70ml。天竺鼠每日約需要至少100ml。（飲水量包含蔬菜水果等食材中的水分）

6. 鼠的排泄物

糞便

糞便反映鼠鼠消化狀況，鼠的糞便基本上都是黑咖啡色成型米粒狀，若便便顆粒乾小、黏在一起，可以先提供南瓜、木瓜等蔬果觀察有無改善。

糞便呈現爛泥、水狀，屁股髒汙、環境惡臭，屬於腹瀉的狀況。鼠若腹瀉且精神食慾不佳，可能為嚴重腸道疾病，請盡速就醫！若糞便數量過少，一天少於10顆糞便，可能便秘，可以先提供南瓜、木瓜等蔬果，若仍便秘請盡速就醫。

正常的鼠糞便。

尿液

鼠尿液多呈現黃色透明。黃金鼠尿液濃縮功能強，呈現混濁乳白色為正常。其他鼠類出現混濁尿液需注意飲食，增加蔬菜水果攝取量。尿液接觸空氣氧化呈現橘色、橘紅色。若鼠出現粉紅色、鮮紅色尿液有血尿疑慮，請就醫檢查。尿量暴增多倍，建議就醫諮詢。

7. 其他異狀

　　每天檢查籠舍內是否異常，例如：血跡、抓痕、咬痕、尿液、糞便。幫助判斷鼠鼠的籠內活動是否正常，並預防鼠鼠逃家。

籠內的混亂常是因為鼠強壯好動，可提供更寬廣的空間，更多的墊材與布置。

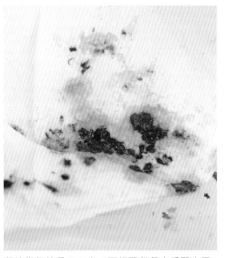

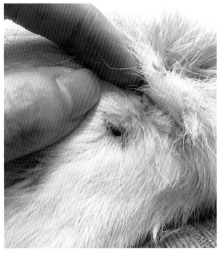

鼠的糞便總是不正常？要趕緊帶鼠去看醫生了。　時常翻開毛髮檢查

定期衛生護理

　　鼠類動物自理能力十分好，鼠們每天起床、睡前通常都會花一段時間洗洗臉、洗洗身體，飼主通常不需要太擔心。如果發現牠們變得不愛整理自己，毛髮糾結，可能正是牠們生病、不舒服的症狀。有些鼠天生懶散，不愛運動，不愛清理自己，可能造成指甲過長、香腺堆積汙垢引起發炎。

鼠類動物通常很愛乾淨，會把自己整理好。

 ## 倉鼠、大小鼠的定期衛生護理

衛生護理基本知識

　　小型鼠類：修剪、清潔難度高，可能需要帶至醫院，在醫生指導下進行清潔或修剪。

　　長毛鼠類：常有消化不良甚至腸道堵塞致死的案例，建議每天梳理、修剪長毛鼠的毛髮，並餵食化毛膏。

牙刷可用來梳理長毛鼠。

眼睛明亮、膚色粉紅、四肢正常靈活、耳朵全開的健康黃金鼠。

關於鼠洗澡的迷思

請特別注意，鼠專科醫生普遍提出建議：倉鼠請不要水洗（洗澡），除非經醫師指示之藥浴。倉鼠皮膚及毛髮不適合徹底浸溼後風吹，易引起嗆傷、肺炎、失溫、燙傷、皮膚炎、驚嚇休克、過熱中暑、耳道發炎等各種問題。

小鼠：體型嬌小，水洗後吹乾同樣容易引起失溫、嗆傷、肺炎、燙傷、驚嚇休克、過熱中暑、耳道發炎等各種問題。牠們是愛乾淨、會打理自己的小動物，鼠身上出現異味通常是籠舍內的髒汙無法清除，請維持牠們生活環境整潔即可。

大鼠：可水洗，但建議局部清洗髒汙處即可，大鼠體型較大，性格相對穩定，較適應水洗。

請挑選合適的地點，為避免鼠逃竄、吹到冷風，應於密閉溫暖空間，並挑選在較溫暖的時間水洗。水洗時請避免水洗大鼠的頭部、耳朵，扶穩牠們的身體避免被水嗆到或嚇到。洗澡後請盡快用吸水布將牠們擦至半乾，接著用吹風機溫熱風遠遠地吹乾。請注意，吹風機應不斷移動，避免燙傷。

Point **請在洗澡前準備好以下需要的物品**

1. 臉盆及溫水。水溫應比動物體溫略高。
2. 動物用無香精沐浴乳。
3. 吸水布。
4. 吹風機。
5. 外出籠。（換水或吹乾時使用）

溫暖午後是沐浴好時機。

天竺鼠需要定期剪指甲、梳毛、清理屁囊。

1. 為天竺鼠剪指甲

　　飼養於室內的天竺鼠需要定期檢查指甲是否過長，過長可能變形、穿刺。

　　鼠指甲內有血管及神經，剪到神經會痛且流血。建議利用小手電筒照射鼠的指甲，看清血管及神經長度後，修剪掉沒有血管及神經的指甲。

使用手電筒確認天竺鼠指甲的血管長度後，剪掉沒有血管及神經的部分。

天竺鼠長期疏於照護，指甲過長變形。

2. 為天竺鼠梳毛

　　長毛天竺鼠較需要時常梳理，不然容易打結、暗藏髒汙。梳毛時從尾端順著毛髮生長方向，輕輕往根部梳理即可。

長毛天竺鼠需要常常梳理毛髮。

天竺鼠的美麗造型是需要飼主精心照護的喔！

3. 為天竺鼠剃毛

　　台灣夏季悶熱，天竺鼠剃毛有利避暑。建議帶至獸醫院剃毛，剃毛僅剃掉背部及側邊即可，而腹部及頭部請保留毛髮，保護皮膚。

4. 為天竺鼠清理屁囊

　　成年公天竺鼠較需要清理屁囊，建議1～2個月清理一次即可，敏感部位不宜頻繁清理。清理屁囊以棉花棒沾生理食鹽水，溼潤的棉花棒可伸入屁囊內清理髒汙，請保持動作輕柔。

5. 天竺鼠體重600g以上可偶爾洗澡

　　建議天竺鼠局部清洗髒汙的部位即可，全身洗澡的頻率建議3個月以上一次，太頻繁對皮膚可能造成負擔。

　　請挑選合適的地點，為避免天竺鼠逃竄摔傷，請盡量在低處、吹不到冷風的密閉溫暖空間，並挑選在較溫暖的時間水洗。水洗時請避免水洗頭部，頭部以擰乾的毛巾擦拭乾淨即可。洗澡時，扶穩牠們的身體避免被水嗆到或嚇到。洗澡後請盡快用吸水布將牠們擦至半乾，接著用吹風機溫熱小風遠遠地吹乾。請注意，吹風機應不斷移動，避免燙傷。

夏天到了，豬豬也換上短袖！

屁囊內堆積乾酪狀分泌物及毛髮，累積太久有可能引起發炎。

洗澡步驟

步驟1 準備好動物用無香精沐浴乳、吸水布、吹風機、外出籠
（換水或吹乾時使用）、臉盆（盆子邊緣應比天竺鼠
高，避免天竺鼠驚慌時衝出）。再來放溫水，水溫應比
動物體溫略高，水位不要超過天竺鼠的嘴巴。

步驟2 一隻手托住天竺鼠，
保護牠們以免嗆到或
衝出。

步驟3 水洗後用毛巾包住擦
乾，以免受風著涼。

步驟4 吹風機遠遠地吹，用
手測試溫度避免過
熱。

維持籠舍衛生

 保持環境衛生的訣竅

　　1.**倉鼠**：籠舍內若鋪滿墊材、廚房紙巾，可以有效吸溼吸臭。許多倉鼠也會定點在廁所砂內排泄，使用廁所砂可以有效維持清潔。

　　2.**大小鼠**：較不會定點排泄，訓練定點排泄成效有限，小鼠排泄物氣味較重，建議籠舍內鋪滿可更換的吸溼墊材。大鼠因排泄量大，建議使用可以隨時更換的地墊或抽屜式籠舍。

　　3.**天竺鼠**：天竺鼠大量排泄問題好煩惱！大部分天竺鼠不會定點排泄，建議使用可以隨時更換髒汙的地墊或抽屜式籠舍。底盆底部可以鋪滿尿布墊、裁開的垃圾袋等，清理時可以直接捲起清除。對抗尿垢可以使用檸檬酸、白醋，在尿垢處浸泡幾分鐘，再用刷子刷一刷。

許多倉鼠會定點排泄，維持環境整潔。

 多久該清一次鼠籠呢？

　　比較愛乾淨，會定點排泄的鼠就像小天使，讓飼主省下許多清掃工夫。飼主可以觀察籠內、鼠廁砂是否髒汙，隨時進行局部清潔。以倉鼠而言，身為儲物狂的牠們不喜歡食物時常被清掃一空，牠們會有被搶劫的感覺，大約5～7天徹底清掃一次倉鼠籠舍就可以了。另外，倉鼠睡窩內的墊材常累積溼氣及髒汙，記得每2～3天應更換一次睡窩墊材。

大小鼠排泄物氣味較重且不會定點大小便，建議使用可反覆清洗的設備，並且每2～3天或是聞起來有尿味的時候，就進行局部或全面清潔。鼠類動物呼吸道脆弱，請勤於清理，避免呼吸道受到刺激感染。

　　天竺鼠排泄量最驚人，唯一值得慶幸的是，草食動物排泄物氣味較淡。網路上許多飼主分享創意清潔法，但各種方法可能不適用於每個家庭。基本上建議每3天更換髒汙墊材。

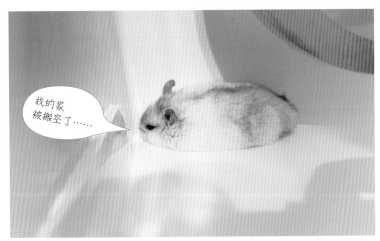

剛清完籠子心情似乎很憂鬱的倉鼠。

每次擦籠子，就覺得自己是鼠奴啊！

飼主準備好適合的飼養用品，才能快樂養鼠。

5 抱抱鼠寶

鼠剛回到家總是很緊張，抓住牠們又像抓肥皂一樣「咻」地飛出掌心。到底該怎麼抱鼠呢？

 與鼠培養感情

鼠在野外是被獵食動物，牠們害怕全身被抓緊的感覺，需要一段時間才能適應被人類觸碰、抱住。我們要慢慢地親近鼠，接近牠時要輕聲細語、動作輕柔，整個過程要循序漸進，耐心十足。

鼠剛回到家，我們可以先用「食物」及「輕聲細語」降低鼠對人類的恐懼，溫柔餵食一段時間以後，牠們對人類就不再那麼害怕。鼠適應環境大約一週後，可以開始嘗試親近。

步驟1 手拿著美食接近鼠，引誘鼠從人類手上接過食物享用。

步驟2 利用零食引誘鼠走出籠子、走上手掌。（剛開始常不願意走上手掌）

步驟3 鼠在面前或手上享用零食時，輕輕觸碰牠的身體。

反覆進行步驟1～3，個性較溫和的鼠通常就可以慢慢被抱起。

鼠怕生時，甚至不願意吃人類手上的東西。

充滿感動的瞬間：鼠終於走上我的手！

抱鼠動作

1. 正確的抱鼠動作

　　兩隻手像掬水般，將鼠捧起，護在掌心。鼠情緒激動時，可以將雙手合併成球體，將鼠保護在雙手中，避免摔落受傷。

| 正確抱起鼠的動作。 | 鼠比較緊張時，將鼠保護在掌中。 | 有時必須戴上手套才能抱起愛咬人的鼠。 | 正確抱起大鼠的動作。 |

2. 高難度抱鼠姿勢「翻肚」

　　個性較緊張的鼠可能不願意被翻肚，願意翻肚被抱是沒有戒心的表現。這個動作是有可能被鼠咬的喔！

這個姿勢有可能被鼠咬喔！　　毫無戒心翻肚抱抱，這可是高難度姿勢呢。

注意

　　鼠即使被抱住，也隨時可能掙扎逃脫，導致掉落摔傷。請適時擋住鼠暴衝，並且維持在低處、軟處抱鼠。

維持在低處、軟處抱鼠。

3. 抱抱天竺鼠

　　天竺鼠是群居動物，牠們擅長傾聽人類語氣，餵食時溫柔地呼喚，可以逐漸使牠們產生好感。溫柔地安慰牠們，可以有效幫助天竺鼠適應新環境。

正確抱起天竺鼠的兩種姿勢

1 托住天竺鼠的前肢、後肢及屁股，背部輕靠使天竺鼠有安全感，降低掙扎風險。

2 反向保護天竺鼠的抱法。

 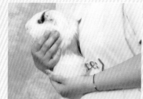 

注意

　　天竺鼠脊椎自然前彎，不適應直立、後仰的動作。

6 帶鼠寶外出

原則上如果沒有必要，建議避免攜帶鼠寶外出。夜行性的鼠寶如果在白天被帶出門，會感到非常疲倦。戶外有許多噪音、氣味，對於敏感的鼠寶來說非常壓迫，天竺鼠特別膽小，不少案例因環境緊迫導致意外。戶外的氣溫也比較難掌控，鼠在交通途中失溫、中暑的案例不在少數。除此之外，戶外、野地存在較多感染原，應避免齧齒類小動物接觸野生動物及其排泄物。

鼠鼠夏天外出示範。冬天只要把結冰水改成暖暖包就行了！

注意

不宜將鼠類長時間關在外出籠，鼠會非常焦慮，進而破壞外出籠，在數個小時內可能逃出失蹤。

鼠試圖逃出外出籠可能發生危險。

外出時請慎選交通方式，盡量選擇減少太陽直射及風吹，且噪音較少的方式。鼠鼠外出時，請使用外出籠、外出提袋以及升溫、降溫小物。

外出裝備

冰寶
可用毛巾包妥，延長使用時間，還有吸水作用。

外出籠
在外出籠內放置足夠墊材，鼠放進外出籠，然後再將外出籠再放進提袋。

食物
別讓鼠寶餓肚子，帶上一點食物吧！

水瓶
倒過來放在袋內，避免走動時搖晃漏水。

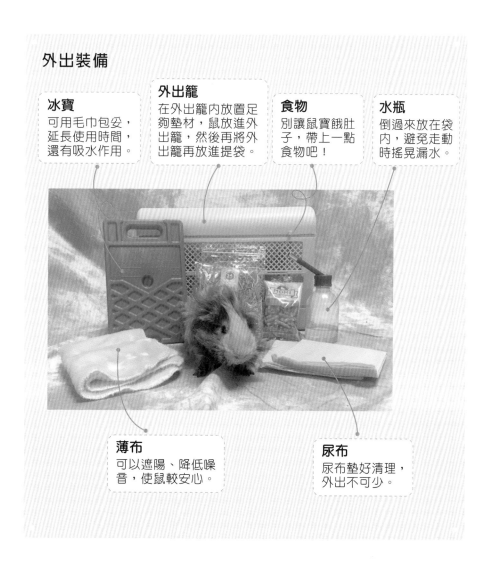

薄布
可以遮陽、降低噪音，使鼠較安心。

尿布
尿布墊好清理，外出不可少。

Chapter 4

打造愛鼠的家

安全合適的家

　　為鼠挑選合適的籠子，有哪些一定要注意的事項？就讓我們一起來看看吧！

小型倉鼠、黃金鼠、沙鼠的家

1. 寬敞的籠舍

　　倉鼠在原生環境的活動範圍非常大，牠們需要寬敞的活動空間。

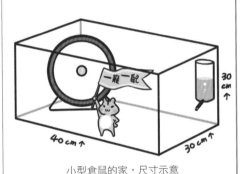 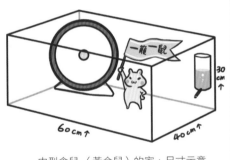

小型倉鼠籠舍底面積建議至少：
30×40=1,200平方公分

黃金鼠籠舍底面積建議至少：
40×60=2,400平方公分

小型倉鼠的家，尺寸示意

中型倉鼠（黃金鼠）的家，尺寸示意

PS. 2,400 平方公分其實很小，在德國讓黃金鼠住 3,500 平方公分以下的籠子甚至是犯法的呢！

過小的籠子是虐待。

　　籠子過小會讓鼠感到壓迫感、緊張等，至少要符合最低尺寸，不然形同虐待。

2. 無縫隙、平坦的籠舍

倉鼠攀爬跳躍容易受傷、四肢骨折，籠舍及家具以無法攀爬、無縫隙為佳。

為了避免鼠攀爬、骨折、遭夾，有經驗的飼主甚至會使用以洞洞為通風孔的飼養箱。

3. 尺寸足夠的滾輪

倉鼠在野外一個晚上移動範圍達到20公里，奔跑是牠們的強烈本能，牠們需要一個適當的運動滾輪。醫師建議倉鼠滾輪應使用平坦無縫隙，避免鐵絲形式滾輪，且尺寸足夠。

剛帶回家的幼鼠會快速長大，體型到 4 個月左右才會固定下來。圖為成年一線鼠使用直徑 21 公分滾輪。

小型倉鼠滾輪直徑建議至少：15～17公分
黃金鼠滾輪直徑建議至少：21公分

頭身平行

使用尺寸合適的滾輪，鼠開心又健康。

4. 溫度、溼度適中

　　倉鼠天性不適應台灣悶熱及溫差氣候，溫度過高可能造成倉鼠在短時間內中暑死亡，溫差過大可能造成體積小的倉鼠體熱快速散失而休克。為維護動物基本福利，請勿將鼠飼養於室外空間。

適宜的溫度：**20～25℃**
適宜的溼度：**50～75%**
環境溫度請勿超過**29℃**，可能造成倉鼠短時間中暑死亡。

氣溫過高時，鼠先感到不適，接著就有中暑的生命危險。

5. 厚度達5公分以上之墊材（可局部）

　　在德國依法律規定，應提供倉鼠達10公分以上厚度之墊材，滿足牠們地底穴居的挖掘天性。台灣的氣候較溼熱，易滋生細菌，需要更換墊材的頻率較高，故降低墊材厚度建議為5公分以上。

建議倉鼠籠舍墊材厚度達 5 公分以上。

Memo

倉鼠在野外於地底穴居，為符合天性，準備適當墊材，牠們在這樣的環境才有安全感。

6. 避免太陽直射

倉鼠為夜行性動物，不喜歡陽光直射，陽光直射易造成中暑。

7. 避免電器高頻噪音

倉鼠可聽到超聲波，電器所產生的高頻音對牠們聽覺刺激大，請盡量避免吵雜、電器環境。

8. 乾淨飲水、充足食物及墊料、躲藏窩

倉鼠跟所有其他動物一樣需要24小時供應乾淨飲水，倉鼠喜歡築巢、儲存食物，充足的食物、墊料、躲藏窩可以讓牠們感到安心滿意。

9. 慎防逃家

超過一半以上的新手，都曾面臨鼠逃家難尋的窘境。請確實關閉籠舍、箱子應加蓋，縫隙勿過大。

找就是愛逃家，你鬥得過我嗎？

不加蓋的飼養箱，鼠逃家只是輕而易舉。

小鼠的家

1. 立體而豐富多變的籠舍

　　小鼠跟倉鼠不同，牠們擅長攀爬跳躍，好奇愛探險。建議籠舍形式為多樓層、多種家具及豐富環境變化。

尺寸需求至少：
30×40×40公分。

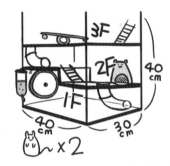

小鼠有 2 ～ 3 隻時，空間應倍數成長。

改造整理箱也是易於清潔的籠舍。

2. 便於清潔

　　小鼠排泄物氣味較重，建議選擇籠舍時，考慮到時常清潔的便利性。例如：底部寬敞、門板大、拆裝容易等。

3. 籠舍縫隙小

　　小鼠體型小，好奇的個性讓牠們喜歡嘗試鑽出隙縫，建議鐵籠間隙挑選小於0.6公分者。

鼠鑽縫常發生危險。

4. 溫度、溼度適中

　　齧齒類小動物對環境溫溼度變化比較敏感，牠們體積小，溫差影響大。小鼠飼養環境請盡量保持在20～25℃，適當溼度為50～75%。為維護動物基本福利，請勿將鼠飼養於室外空間。

5. 尺寸足夠的滾輪

　　小鼠活力旺盛，牠們需要一個適當的運動滾輪。醫師建議小鼠滾輪直徑應挑選17～21公分。

6. 避免太陽直射

　　小鼠為夜行性動物，不喜陽光直射，陽光直射也可能造成中暑。

7. 避免電器高頻噪音

　　鼠可聽到超聲波，電器所產生的高頻音對牠們聽覺刺激大，請盡量避免吵雜、電器環境。

8. 乾淨飲水、足夠的食物及墊料、躲藏窩

　　小鼠跟所有其他動物一樣需要24小時供應乾淨飲水，小鼠喜歡築巢，墊料、躲藏窩可以讓牠們感到愉悅。建議餵食以定時定量為原則。

9. 慎防逃家

　　超過一半以上的新手，都曾面臨鼠逃家難尋的窘境。請確實關閉籠舍、箱子應加蓋，縫隙勿過大。

1. 立體而豐富多變的籠舍

　　大小鼠跟倉鼠不同，牠們較擅長攀爬跳躍，好奇愛探險的大鼠需要多層寬敞跳台，可躲藏棲身的多變籠舍。建議籠舍形式為三層以上跳台，家具及環境富有變化。大鼠體型較大，且可群居，飼養1～3隻大鼠的籠舍尺寸建議至少為：85×50×50公分。

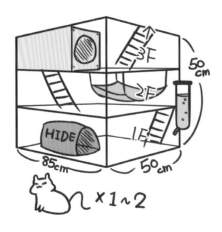

1～2隻大鼠的籠舍尺寸需求至少為：85×50×50 公分，三層以上跳台，躲藏家俱等。超過 2 隻時，空間應適當增加。

有些人選擇使用貓籠飼養大鼠，但貓籠間距較寬，體型瘦小的大鼠常發生逃家，逃家行為有各種危險。

2. 便於清潔

　　大鼠排泄物量較大，建議選擇籠舍時，考慮到時常清潔的便利性。例如：拆裝容易、門板大等。

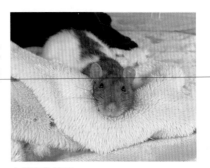

大鼠喜歡被子。

3. 放風的空間

大鼠最開心的放風時間。

　　大鼠個性聰明溫和，牠們需要放風、與家人相處的時間。家中放風空間請避免大鼠天敵（如：貓、狗）同時活動。請小心電線、物品遭到啃咬，有毒盆栽、老鼠藥、黏鼠板等危險物品請收妥，且無對室外開放通道。

4. 溫度、溼度適中

　　齧齒類動物對環境溫溼度變化敏感，大鼠散熱功能較差，呼吸道相對脆弱，受溫度影響大。大鼠飼養環境請盡量保持在20～25℃，適當溼度為50～75%。為維護動物基本福利，請勿將鼠飼養於室外空間。

5. 避免太陽直射

　　大鼠為夜行性動物，牠們不喜陽光直射，陽光直射可能造成中暑、大溫差易引起不適。

6. 避免電器高頻噪音

　　鼠可聽到超聲波，電器所產生的高頻音對牠們聽覺刺激大，請盡量避免吵雜、電器環境。

7. 乾淨飲水、足夠的食物及躲藏窩

大鼠喜歡躲在舒適布窩內。

　　大鼠跟所有其他動物一樣需要24小時供應乾淨飲水，大鼠不同於倉鼠，牠們聰明伶俐，不容易被布料勾纏發生危險，布料類製品、躲藏窩可以讓牠們感到舒適安心。建議餵食以定時定量為原則。

天竺鼠的家

1. 平坦而寬敞的空間

　　天竺鼠主要於平面活動，牠們體積較大，一隻天竺鼠建議飼養空間的底面積至少為：60×80公分，建議使用圍欄類籠舍。鐵條、鐵線等銳利邊緣的地墊會造成牠們腳掌受傷發炎，天竺鼠籠舍地面請選用平坦或粗條網狀地墊。

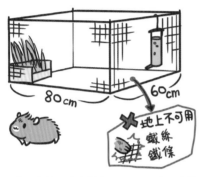

一隻天竺鼠至少應規畫 60×80 平方公分的活動空間，地墊請慎選，勿使用鐵絲、鐵條類造成天竺鼠腳掌受傷。

錯誤的地墊時常造成天竺鼠腳掌發炎。

2. 便於清潔

　　天竺鼠排泄物量大，選擇籠舍時，請考量時常清潔的便利性。

 Point　　**適合天竺鼠的地墊**

草

寵物用地墊

吸水尿布墊

吸水絨布墊

3. 提供陪伴

天竺鼠個性依賴溫和，牠們需要與同伴、家人相處的時間。家中放風空間請避免天竺鼠天敵（如：貓、狗）同時活動，請小心電線遭到啃咬，有毒盆栽、老鼠藥、黏鼠板等危險物品請收妥，且無對室外開放通道。

4. 溫度、溼度適中

齧齒類動物對環境溫溼度變化比較敏感，天竺鼠飼養環境請盡量保持在20～25℃，適當溼度為50～75%。為維護動物基本福利，請勿將鼠飼養於室外空間。

5. 避免太陽直射

為避免造成鼠中暑，請將鼠飼養於陰涼處。

6. 避免電器高頻噪音

鼠可聽到超聲波，電器所產生的高頻音對牠們聽覺刺激大，請盡量避免吵雜、電器環境。

7. 乾淨飲水、足夠的食物及躲藏窩

天竺鼠是高飲水、高食量動物，請24小時供應充足乾淨飲水、充足牧草及水果，布料類製品、躲藏窩可以讓牠們感到舒適安心。

天竺鼠的草量要充足，別讓牠們餓到肚子。

天竺鼠喜歡躲藏窩，會讓牠們安心舒適。

2 各種鼠籠內配置的範本

 小型倉鼠與黃金鼠的家

　　具備滾輪、飲水、充足墊材、寬敞、有通風孔、供躲藏家具、避免攀爬摔落、妥善加蓋。

小型倉鼠的家範例。

倉鼠的家範例。

倉鼠的家範例：擁有鋪滿墊材的挖掘空間是倉鼠們的夢想。

小鼠的家

　　具備滾輪、飲水、墊材、空間多變化、有通風孔、供躲藏家具、妥善加蓋避免逃家。

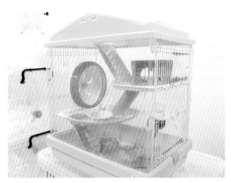

三層樓多變空間籠舍，可飼養 2～3 隻小鼠，建議搭配多個滾輪。

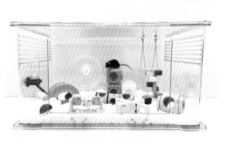

適合小鼠的飼養空間。

大鼠的家

　　具備有上下活動空間、舒適布窩、躲藏處、跳台、陪伴者。

使用圍片組裝成上下兩樓的大鼠公寓，兩隻大鼠分別擁有自己的房間及跳台。

使用圍片，靈活運用各種小物，組成多層次的大鼠生活空間。

天竺鼠的家

具備寬敞空間、充足飲水及牧草、躲藏窩、舒適地墊、陪伴者。

圍片組裝適當尺寸之鼠圈,並且使用舒適不傷腳底的地墊(如牧草)。

1～2隻天竺鼠也可以使用這樣的空間。

使用層架及圍片組裝而成的立體天竺鼠公寓。

天竺鼠溫馨的家。

在德國購買動物和台灣有什麼不同呢？

Hi大家好我是Kay
今天來和大家聊聊
德國購買鼠鼠的過程

JarJar

首先呢，因為德國相當重視
每種動物的習性和空間。

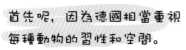
除了沒有販售犬貓之外，他們的動物販售區簡直
就像動物園一樣壯觀！

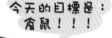
今天的目標是：
倉鼠！！！

嗯？

因為倉鼠是夜行性生物，為了不打擾他們的休息時間，倉鼠的販售只限於下午五點之後開始。

在倉鼠區觀望好久，看著黃金鼠的公鼠籠。結果這個黑頭小子就自己靠上來了！

呆

我決定了我要他～

店員都有受訓過，都有專業的知識可以詢問 :)

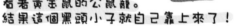
好的，這本關於倉鼠的手冊，請先讀過一遍，然後我們等等要做籠子和墊材的選擇唷！

交給你之前，我們會先好好檢查鼠鼠的狀況～

好了，眼睛耳朵毛髮～手指四傳，指甲也都很好，很健康唷！

一切檢查完，就要簽切結書。表示自己會好好照顧鼠鼠！這時有問題都可以詢問店員～

墊材展示與示範

哇！好多！！

因為沒有運輸籠，所以店家會強制客人購買一個合適尺寸的。

（但之後鼠鼠安置好還可以拿回去退貨喔！）

你可以參考我們的範例，或是找自己喜歡的材質做混搭唷！

但倉鼠喜愛鑽地，記得要有一處十公分以上的木屑給他鑽喔！

老鼠 19歐元 約700台幣
籠子 80歐元 約3000台幣
木屑 5歐元 約190台幣
牧草 5歐元 約190台幣
滾輪29cm 20歐元 約750台幣
玻璃廁所 15歐元 約550台幣
鼠沙 10歐元 約360台幣
木頭小屋 25歐元 約950台幣
運輸籠 15歐元 約550台幣
飼料 5歐元 約190台幣

約200歐元 約7600台幣
（其他非必要玩具未列入計算）

-後記-

我的倉鼠恰恰賓克斯
IG: hamster_jarjar

德國有心飼主IG:
die_hamsterbacken

這次為了寫文章，問了許多在德國的倉鼠飼主。大家說的都大同小異：足夠的空間與夠多的木屑，甚至有德國小朋友指出，要在網路上多做功課（如倉鼠小屋要有至少兩個出入口鼠鼠才會安心等等）

也有飼主告訴我可以去哪裡購買有機飼料...等等。相當令人佩服！最重要的仍是：倉鼠要一鼠一籠喔！

3 飼育用品介紹

籠舍

1. 專用飼養箱、改造箱

適合小型倉鼠及小鼠

底面積尺寸達到30X40=1,200平方公分，裝有通風孔及水瓶，且可安裝直徑17公分以上滾輪的箱子。

適合黃金鼠

底面積尺寸達到40X60=2,400平方公分，裝有通風孔及水瓶，且可安裝直徑21公分以上滾輪的箱子。

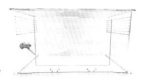

2. 市售鐵籠

適合小型倉鼠

底面積尺寸達到30X40=1,200平方公分，可安裝直徑17公分以上滾輪的箱子，且高度不過高的鐵籠。

適合黃金鼠

底面積尺寸達到40X60=2,400平方公分，且可安裝直徑21公分以上滾輪的箱子，且高度不過高的鐵籠。

適合小型倉鼠的鐵籠。

適合小鼠、睡鼠

建議使用高度高，樓層空間變化多，且間隙細小的鐵籠。

飼養大鼠、松鼠

底面積尺寸達到60X60=3,600平方公分以上，且高度建議大於90公分，樓層空間變化多的鐵籠。

注意

多層次的鐵籠並不適合倉鼠，適合小鼠。

市售常見此種小鐵籠，因空間過小，並不適合做為任何鼠類居住籠。

3. 圍片類

　　網路上常見販售寵物圍片，圍片有各種尺寸、網目尺寸可以選擇。建議使用網目間隙細小的圍片，可以隨心拼裝成想要的尺寸空間。

　　特別適合天竺鼠、大鼠等體型較大，空間需求較高的鼠。

圍片可以隨心所欲組裝成需要的模樣。

4. 缸類

　　玻璃行、水族店等可以訂製玻璃材質缸類飼養箱。優點是空間寬敞、美觀。缺點是價格偏高、較不通風，重量重，移動不便。

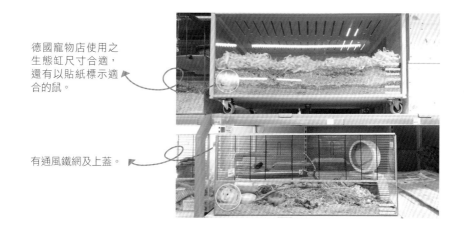

德國寵物店使用之生態缸尺寸合適，還有以貼紙標示適合的鼠。

有通風鐵網及上蓋。

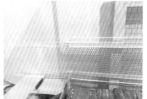

德國飼主使用加裝通風鐵網及加蓋之生態缸，配備側邊通風鐵網及上蓋，飼養一隻黃金鼠。

滾輪

市售滾輪時常尺寸過小，長期使用易造成倉鼠骨骼疾病。

醫師建議滾輪大小

小型鼠（老公公鼠、睡鼠、一線鼠、三線鼠、小鼠）需使用直徑大於17公分的滾輪。特別注意：倉鼠類需使用跑道平坦無縫隙之滾輪。

中型鼠（黃金鼠）需使用直徑大於21公分、跑道平坦無縫的滾輪。

大型鼠（大鼠、松鼠）可使用直徑大於30公分的滾輪。松鼠較適合鐵網型滾輪。

過小的滾輪會降低鼠生活品質及健康。

十分耐用、安全的25公分直徑黃金鼠滾輪。

鐵網型的滾輪並不適合倉鼠喔！

PS. 天竺鼠不需要滾輪喔！

 水瓶

水瓶分為真空式、滾珠式、頂針式，飼主大多愛用滾珠式水瓶，因為較不易漏水。水瓶每3天應徹底清洗，避免細菌孳生。天竺鼠使用水瓶時，牙齒常插進水管，使用頂針式水瓶較衛生。

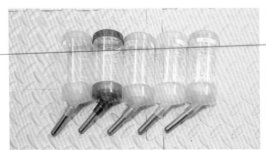

滾珠式水瓶較多人使用。

頂針式水瓶。

倉鼠類喜定點排泄,提供鼠廁可常保持籠內整潔。

所有鼠類天性好躲藏,他們喜歡符合體型大小的躲藏小窩。

陶瓷、玻璃等較易散熱材質的小窩適合在夏天使用,天氣冷時則建議將這種小窩收起來喔!(鼠體型小,散熱快的材質可能使他們在冷時失溫)。

天氣熱時,鼠喜歡躺在陶瓷材質的窩。

天氣冷時,天竺鼠、大鼠可以使用布窩保暖。

我很愛乾淨喔!

許多倉鼠愛乾淨,只在廁所尿尿。

1. 隨手可得的健康墊材：廚房紙巾。

   特性：低敏、衛生、舒適、方便，但需人工撕裁為碎紙狀。

   適用對象：倉鼠、小鼠、睡鼠等。

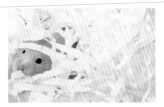

廚房紙巾是舒適、保暖、低敏的優質墊材。

2. 木屑類

   特性：蓬鬆、適合厚鋪、供鼠挖掘。市售木屑品質落差較大，木料來源不明，推薦實驗室系列木屑，品質較穩定。

   缺點：木屑氣味較重、較易致敏、需小心細刺。請避免使用松木屑。

   適用對象：倉鼠、小鼠、睡鼠、沙鼠等。

實驗室木屑品質較穩定。

3. 紙墊材類

   特性：公認安全低敏材質，柔軟、保暖、吸溼、無刺激成分。品質普遍較穩定、較低敏。

   缺點：通路較少。

   適用對象：倉鼠、小鼠、睡鼠、沙鼠等。

實驗室紙墊材也是許多人的選擇。

4. 玉米梗墊材

   特性：涼爽、保暖力低、吸水性低。

   適用對象：倉鼠、小鼠、睡鼠、沙鼠等。

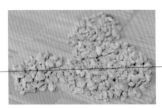

玉米梗可以讓鼠體驗到不同的環境。

5. 牧草墊材

特性：材質較天然，倉鼠少量進食牧草為正常現象。

缺點：較易腐敗，吸水性低，需小心細刺。

適用對象：倉鼠、天竺鼠、沙鼠等。

舒適天然的亞麻墊材。

最適合使用牧草當墊材的或許就是天竺鼠了。

6. 砂

倉鼠、沙鼠原生環境充滿砂土，牠們喜歡在砂上玩耍。動物用砂類一般分為廁所砂（吸水）及沐浴砂（不吸水），黃金鼠不需要沐浴砂喔！其他小型倉鼠會使用沐浴砂打滾清潔毛髮。

廁所砂適用對象：所有倉鼠、沙鼠、會使用廁所之大小鼠等。

沐浴砂適用對象：所有小型倉鼠、沙鼠等。（天竺鼠不會玩砂，黃金鼠不需沐浴沙）。

此外，市面上還可以找到沙漠砂、爬蟲砂、毛絲鼠砂等，每一種砂特性略有不同，都是不錯的選擇。

注意

顆粒過細之「粉塵」對鼠類呼吸道傷害較大，不能長駐在籠內。市售之「乾洗粉」為過細之粉塵，易引起吸入性傷害，不適用於鼠。

乾洗粉不適用於鼠類。

如果沒有沐浴砂，出油旺盛的鼠會變得毛髮糾結。

7. 布

天竺鼠、大鼠相當喜歡布料作為地墊，其他鼠類則不適合。

適用對象：天竺鼠、大鼠等。

天竺鼠喜歡躺在各種軟布墊上。

8. 尿布墊

特性：單面吸水，拋棄式耗材方便更換。

缺點：內含棉絮可能造成誤食。

適用對象：大鼠、天竺鼠以及個性穩定不愛破壞尿布墊的鼠。

如果使用尿布墊做為天竺鼠的地墊，可以延伸至圍欄外，更方便清潔。

注意

不適合使用的墊材：

木屑砂遇水會崩解，為避免造成皮膚炎及呼吸道感染，不建議接觸使用於動物，木屑砂限於隔離使用。

棉花、襪子、衣物等，鼠專科醫師建議勿使用於鼠類，容易發生糾纏四肢、堵塞腸道的意外。

不建議使用在路邊、野外採集之沙土，未經處理常帶有感染原。

木屑砂不適合直接接觸動物皮膚。

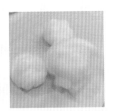
寵物店常販售寵物用棉花，實際上可能並不適用於鼠類寵物。

4 一年四季都舒適的家

鼠類體型較小，各種鼠類對溫度變化敏感，溫度過高鼠可能中暑喪命，溫差過大、溫度過低則容易導致鼠類呼吸道感染疾病、失溫。各種鼠類適合溫度為：20～25℃。

夏季納涼對策

每到夏天，動物醫院常接到寵物鼠中暑甚至喪命的急診。預防鼠中暑，是寵物鼠飼主重要的作戰事項。

Point 預防鼠中暑方法

1. 鼠籠一定要有飲用水。
2. 鼠籠放在陰涼處，避免太陽照射。
3. 開電風扇（不直接對吹）。
4. 使用冰寶特瓶/冰寶等（放置於籠外）。
5. 放置大理石、鋁板、陶瓷、玻璃等材質墊供鼠散熱。
6. 必要時應開冷氣，以20～25℃為目標。

column

DIY 鼠寶的降溫室

作者：吳珮渝

中南部天氣實在太熱，有時候不能開冷氣，鼠鼠這麼怕熱，到底該怎麼辦？跟大家分享我的方法：

步驟 1 在五金行買一個比鼠籠小一點點的塑膠盒；再找一個比塑膠盒高一點點的保麗龍箱，長寬要比塑膠盒小一些。

步驟 2 可以選擇冰塊、結冰礦泉水、冰寶等，放進準備好的保麗龍箱裡！

步驟 3 將保麗龍箱放在鼠籠下方，並在鼠籠底部鋪滿玉米梗。玉米梗散熱係數高，鼠會感到清涼舒適。

小叮嚀
如果沒有保麗龍箱，降溫時效會縮短很多喔！
保麗龍箱最好能夠緊密貼合鼠籠底部！

冬季保暖對策

冬天到了，如何為鼠保暖？什麼時候該為鼠保暖呢？

每到入冬或寒流，動物醫院常擠滿失溫急救的病患。寵物鼠體積小，生理變化快，溫差可能造成牠們敏感的呼吸道不適、感染，進而快速演變為肺炎。短時間內的低溫也可能造成牠們小小的身體熱度散失，失溫死亡。3個月以內幼鼠、病鼠、1歲半以上老年鼠特別需要保暖措施。

● 預防寒冷及溫差的方法

1. 在鼠籠鋪滿保暖墊材，如：廚房紙巾、衛生紙。
2. 在「籠外」放置暖暖包，或各式保暖燈、電暖爐、電暖毯等。
   （建議使用不發光的保暖燈，避免長時間光照影響鼠生活）
3. 溫暖睡窩。（布類睡窩可以保暖，限用於大鼠及天竺鼠）
4. 請避免使用陶瓷、玻璃等散熱係數高的睡窩。

● 保暖安全守則

爬蟲類保暖燈也是很多人的選擇。

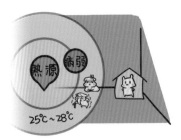

保暖器使用時應有溫度區間，讓鼠可自行選擇，避免過熱。

1. 暖器請置於籠外，以免發生危險。
2. 請保暖在20～25℃之間，勿過熱。
3. 請避免使用棉花、針織布、襪子、圍巾等易糾纏四肢、堵塞腸道的危險材質。

5 潛藏於房間內的危險

　　鼠類小動物喜歡探險、愛好自由，只要逮到機會，牠們可能就會從籠子溜之大吉，在屋子裡逛大街，而家中這些危險物品對牠們十分致命。

● 老鼠藥、捕鼠夾、黏鼠板

　　老鼠藥將對寵物鼠產生立即而致命的危險，請將家中之老鼠藥、黏鼠板、捕鼠夾淘汰，改為「捕鼠籠」。

● 低處電線

　　鼠類喜歡啃咬電線，觸電、走火是可預期的危險。

● 有毒盆栽

　　家中是否擺放小型觀賞盆栽，許多盆栽植物其實是有毒的，寵物鼠可能誤食發生危險。常見有毒盆栽：滴水觀音、夾竹桃、虎刺梅、水仙花、馬蹄蓮、風信子、鬱金香、橡皮樹、夜來香、一品紅、光棍樹、萬年青、繡球花、曼陀羅、普列薄荷、貓薄荷、芫荽、鬧羊花、接骨木、玲瓏草……等。

美麗的繡球花，及其他許多常見盆景，鼠若誤食可能中毒。

● 保冷劑、乾燥劑、暖暖包等化學物品

家中角落是否掉落化學物品？鼠在屋內活動可能因誤食而喪命。暖暖包、保冷劑等調整溫度的物品請使用於「鼠籠外」。

● 人類

體型嬌小的倉鼠、小鼠在屋內活動時，最大的危險還包含被人類「踩死、壓死」。因為寵物鼠較親近人類，不懂得閃躲。常見的危險動作，例如：開關門時鼠遭門縫夾死、開關抽屜時將鼠壓死、穿著拖鞋走路踩到鼠、人睡著時翻身壓鼠、鼠躲進垃圾桶、洗衣籃裡，被一起丟棄處理等等。

體型嬌小的鼠在房間內活動，處處潛藏危險。

● 通往室外的管道

排水管、窗戶、門縫等，都是鼠逃離住家的管道。然而寵物鼠無法在台灣野外生存，且尋回的機率極低。

6 進階篇
模擬生態科學飼養法

　　所謂模擬生態科學飼養法，也可以説是動物園學專業飼養法，所追求的是：重視動物原生環境的局部重現，藉由還原動物生態，以達到飼育動物之完整目標。生態科學飼養法並不是指「實驗室內的飼養方法」，而是人類為了教育、保育所進行之動物飼養，並非完全出於滿足私慾、經濟目的而飼養動物時，我們應追求的方向。

　　模擬生態的科學飼養法著重於還原野生動物生活情境，排解野生動物在人為飼養環境中漫長的無聊，促使牠們盡可能表現出正常且自然的行為。透過盡可能再現原始環境，並豐富牠們的生活環境，達到滿足動物心理需求的目標。

　　模擬生態科學飼養法所提到的概念，在一般飼主的飼養環境中並非完全不需要重視，而在於實現程度的差異。也就是説，無論是誰、為了何種目的而飼養野生動物，出於人道對待動物的立場，均建議充分了解擬生態科學飼養法。

　　每一種鼠按照牠們的原生環境，需要的擬生態科學飼養細節不盡相同。此處列舉常見之穴居鼠類、樹棲鼠類、草原鼠類的擬生態科學飼養法要點及範例。

 地鼠的擬生態科學飼養法

　　黃金鼠、小型倉鼠（三線鼠、一線鼠、老公公鼠）、沙鼠為地底穴居動物，分布地主要於溫帶大陸型氣候區，充滿灌木、草原，亦可能遍及叢林、荒漠沙地。此類鼠活動範圍廣，主要以地面及地下果實、植物、根莖類、昆蟲、蠕蟲為食。牠們喜好挖土深掘地道，建立多個巢穴的地下居所。我們參考國內外各種飼養法標準，提出擬生態科學飼養法之建議綱領：

1. **空　　間**：提供黃金鼠、沙鼠60×100公分以上之籠舍面積，小型倉鼠40×60公分以上之籠舍面積。

2. **墊　　材**：提供至少厚度15公分以上之墊材，墊材厚度若可達40公分以上為理想值。墊材可使用各種摩擦力較強之木屑、紙棉、乾草等，可分層鋪設不同材質墊料，加強墊材層的牢固性，避免挖掘時坍塌。對於老公公鼠、沙鼠而言，提供1/4至1/3面積的局部砂質墊材是必要的，其他倉鼠也建議提供砂質墊材。

3. **運　　動**：提供一個至多個，尺寸較大之不同材質滾輪。黃金鼠、沙鼠可使用直徑21～30公分滾輪，小型倉鼠可使用直徑17～21公分滾輪。

4. **豐　　容**：提供多種乾燥花草、樹枝、木頭、石頭等原生環境可能之材料，還原生態情境。提供多種形式躲藏遮蔽處。

5. **覓食活動**：除專業飼料外，提供各種原始、原型食材，包含帶殼核桃、橡果、米粟、牧草等，並可將各種食材藏在玩具或籠舍各處，使動物進行牠們原本應有的覓食活動。

6. **溫 溼 度**：環境維持在趨近於20～25℃，溼度50～75%。

7. **安 全 性**：請注意籠舍之安全性，勿為擴大籠舍體積而使用脆弱材質、不加上蓋等危險形式籠舍，極易發生憾事。

模擬倉鼠在野外充滿地道的環境。

飼養籠舍寬敞且布滿各種豐容素材，模擬小動物在野外的家。

使用天然素材可以塑造野生環境，達到「豐容」。

草原鼠類的擬生態科學飼養法

　　原生於草原的寵物鼠代表非天竺鼠莫屬。天竺鼠原生於半山腰的草原環境，牠們喜歡成群結隊穿梭於草地及樹叢間，生活環境充滿草地、灌木叢、岩石、地縫、洞穴。天竺鼠以地面植物為主食。牠們有明確的社群團體關係，複雜的社交行為。天竺鼠的擬生態科學飼養法：

1.**空　　間**：建議以整個空房間，或大於80×120公分的籠舍面積。
2.**群　　體**：飼養兩隻以上天竺鼠，使牠們具備基本所需的社群關係。
3.**墊　　材**：提供局部或全面性，三層提摩西一割牧草作為墊材。提摩西一割草較粗壯，可塑造蓬鬆具隔離尿液功能的地墊。天竺鼠可在草地中充分展現自然行為，如：鑽草、躲藏、休憩、玩耍等。草地環境可提升天竺鼠安全感，充分達到減敏效果。
4.**運　　動**：提供寬敞的生活空間，可製造起伏坡道，模擬野生環境的坡度。居住條件若許可，可提供遊戲間。
5.**豐　　容**：提供多種乾燥花草、樹枝、石頭狀玩具等，野生環境可能遭遇之材料，提供多種形式躲藏遮蔽處。
6.**覓食活動**：提供充足的新鮮牧草、花草，適量天竺鼠專用無穀飼料、蔬菜水果等，並可將各種食材藏在玩具下，或是籠舍各處。
7.**溫　溼　度**：環境維持在趨近於20～25℃，溼度50~75%。
8.**安　全　性**：請注意房間內之擺設，勿放縱天竺鼠四處啃咬電線等，造成危險。

模擬天竺鼠在野外的情境。有著草地和各種地形，還提供躲藏地、草叢、斜坡等。

樹棲鼠類的生態科學飼養法

　　飛簷走壁的樹棲動物，如睡鼠、松鼠，牠們需要立體活動空間。牠們在野外的生存環境以叢林為主，牠們很少離開樹木及高處巢，主要以樹上可見之堅果、果實、樹葉、嫩芽、樹皮、鳥蛋、昆蟲等為覓食目標。我們可以總結牠們的生態科學飼養法：

1. **空　　間**：提供松鼠盡可能巨大的立體籠舍，畢竟沒有一個尺寸對松鼠來說是夠大的。睡鼠體型嬌小，故以60×100×100立方公分為理想目標。
2. **豐　　容**：提供高度足以延伸到籠頂的多條樹枝，並且於樹枝高處布置穴狀鼠巢。盡可能提供各種可攀爬、啃咬之家具。
3. **運　　動**：提供一個至多個，尺寸較大、材質不同之滾輪。松鼠可使用直徑30公分以上之特製滾輪，睡鼠可使用直徑17～21公分滾輪。
4. **覓食活動**：在樹枝四處吊掛、藏匿各種新鮮之堅果、樹葉、果實，及其他適合之飼料等。
5. **溫溼度**：環境維持在趨近於20～25℃，溼度50～75%。
6. **安全性**：請注意籠舍之安全性，勿為擴大籠舍體積而使用脆弱材質、不加上蓋等危險形式籠舍。

樹棲鼠類的居住環境需要飼主用心設計唷！

Chapter 5

愛鼠的健康飲食

倉鼠、大小鼠的飲食

　　倉鼠是雜食性動物，牠們在野地採集地面、地底的穀類、植物、果實、種子、小昆蟲等為食。大小鼠由大小家鼠培育而來，牠們依存於人類聚落，對於人類生活圈中各種食物的接受度很高，適合較低脂肪的飲食。鼠跟人一樣需要各式營養素，五穀雜糧及一些豆類、種子類、蛋白質，蔬菜水果對牠們來說同樣重要，不僅美味還健康。鼠專科醫生建議，每天提供家中鼠寶貝深綠色蔬菜及各色蔬果喔！

各種蔬菜水果對鼠身體健康很重要。

　　寵物鼠每天的食量？體重100克的鼠大約需要15克的食物。小型鼠每日大約需要6克食物，黃金鼠每日大約需要20克食物。大鼠按照體重計算，每日大約需要75克食物喔！（請不要給太多，易引起肥胖疾病；也不要給太少，易引起鼠心情鬱悶甚至焦躁。）

　　小叮嚀
　　10克飼料是多少呢？以奶粉罐裡的勺子為例，一勺飼料為10克左右。

關於飼料的選購

市售鼠用飼料廠商品質參差不齊，為避免飼料於通路存放不當，造成黃麴毒素含量過高引起寵物鼠急性中毒，請選購「完整密封」、「包裝不透光」、「明確標示保存期限」之廠牌飼料。網路上有許多「私調」鼠食，可以歸在輔助食品類，與專用飼料混合給予。

● 鼠專用飼料

1.雜糧飼料

雜糧飼料混合數種穀物、種子及部分壓縮或發泡顆粒，相較於純壓縮飼料，鼠較不容易吃膩。

愛鼠協會自產自銷的雜糧型飼料，烘乾的蔬菜水果及各種雜糧，看起來非常豐富！

2.壓縮飼料

壓縮飼料為單一顆粒，壓縮所有營養成分。鼠較容易吃膩，但是營養十分均衡，鼠也較不會過度肥胖。適合做為主食，並且搭配各種新鮮蔬菜水果。

營養均衡無法挑食的壓縮型飼料。

Point **關於飼料的更換**

餵食不同品牌飼料請「循序漸進」，在舊的飼料中加入新的飼料，逐日調整比例，經過幾日適應才停止餵食舊的飼料。避免引起腸道不適、動物拒食等問題。

蔬菜水果

　　各色蔬菜水果含有各種營養素，攝取充分營養素可預防疾病，健康快樂。

各色食材造就彩色鼠生。

☆蔬菜水果的處理

　　新鮮蔬菜水果以去皮、去籽為原則，以過濾水洗淨，可汆燙，勿加料烹調。

鼠熱愛各種食材。

☆新鮮蔬菜水果餵食注意事項

　　建議餵食3個月以上健康鼠，各式新鮮蔬菜水果。第一次給予的蔬菜水果請提供「鼠耳朵的大小」，觀察鼠有無軟便等異狀，無異狀可逐次增加分量。建議每日提供較多不同種類深綠色蔬菜，有益鼠身體健康。

這些真的都是我的嗎！

POINT

☆任何食材不宜一次性大量給予，例如：今天給鼠鼠吃蘋果大餐，一整天只吃蘋果（Ｘ）；任何食材不宜長期單一給予。例如：鼠鼠愛吃葵花子，每天給鼠鼠吃一大堆葵花子（Ｘ）。

常見可食推薦清單：

深綠色蔬菜（地瓜葉、空心菜、芥菜、青江菜等）大推		
（菠菜應適量給予）	五穀雜糧	青花菜（建議汆燙）
山藥、芋頭（去皮汆燙）	大小白菜	青椒、彩椒
南瓜	南瓜籽	地瓜
黃瓜	苜蓿芽	水煮蛋
蘋果（去皮、去籽）	木瓜（去皮、去籽）	芭樂
桃子（去籽）	櫻桃（去籽）	奇異果
草莓	藍莓	蔓越莓
蓮霧	火龍果	棗子（去籽）

甜度較高應少量給予的可食清單：

香蕉	龍眼（去籽）	荔枝（去籽）
香瓜	西瓜	

PS.「少量」為「鼠耳朵大小」

特殊食材：以下為必須熟食的食材（請勿生食）

大豆類（黑豆、黃豆、豌豆等）
扁豆類
芝麻、亞麻仁（保健營養品）
腰果、花生（偶有過敏個體，謹慎給予）

寵物鼠禁食清單：

五辛（洋蔥、蔥、大蒜、韭菜等，硫化物將造成中毒需急診）

辣椒（易引起腸胃過敏）

番茄葉（含天然毒素）

巧克力、咖啡、茶、酒等（可能引起心悸、休克）

酪梨（Persin含量較高，具毒性）

各種果核（如蘋果籽、龍眼籽等，含天然毒素）

人工食品（化學添加劑將造成動物身體負擔，引起提早老化、皮膚及各種免疫力下降之疾病）

不新鮮食材，毒素及細菌易孳生。例如：茄子、花生、水分含量高之蔬菜水果。

市售點心

　　市售許多寵物鼠零食小點心，通常熱量較高、口感較好，不建議做為營養來源，可以當點心少量給予，用於培養感情。一個禮拜建議給予三次以下，太常給小點心，鼠會發胖喔！

寵物鼠的飲水

　　寵物鼠需要充足飲水，請提供經煮沸之乾淨飲水，自來生水所引起之腹瀉、腸道感染問題十分致命，難以根治。建議每

人類加工食品請不要給鼠吃！

3日換水、清潔水瓶，避免水瓶內細菌回流大量孳生。

　　寵物鼠適當的飲水量是依照體重計算，小型鼠每日約需要5ml，黃金鼠每日建議飲水量為15ml，大鼠每日飲水量建議為70ml，天竺鼠每日約100ml。（飲水量包含蔬菜水果等食材中的水分）

為鼠鼠做蛋糕

無麩質紅蘿蔔蛋糕

作者：Joyce You

　　來我們家的每一個孩子都有一份屬於自己的代表食譜。噗噗小公主自從結紮以後就很討厭紅蘿蔔，每一次都把紅蘿蔔片拿去醃尿，紅蘿蔔蛋糕是唯一一種可以騙她吃紅蘿蔔的方法了。那麼討厭紅蘿蔔，屬於噗噗的食譜就只能是紅蘿蔔蛋糕了！

[材料]

紅蘿蔔（可用地瓜代替）	60g
杏仁粉（是甜杏仁粉， 不是用來泡杏仁茶的杏仁粉哦）	37g
即食燕麥	9g
核桃（可用其他堅果代替）	9g
亞麻仁籽	1/2t
雞蛋	1個
橄欖油	25g

*為方便操作，食譜以使用一個雞蛋的基礎換算，製作出來的分量對鼠而言很多哦！

[做法]

❶ 紅蘿蔔切絲切段，核桃切碎

❷ 橄欖油、雞蛋混合均勻

❸ 加入紅蘿蔔絲拌勻

❹ 加入杏仁粉、燕麥、核桃碎、亞麻仁籽拌勻

❺ 麵糊入模

❻ 以180度烤30分鐘

*每個烤箱的個性不同，烘烤時間也會隨著不同，建議第一次操作出爐先切開確認蛋糕是否熟透了哦。

❼ 出爐放涼脫模上菜！

紅蘿蔔變成噗噗小公主最期待的晚餐！

2 天竺鼠的飲食

　　天竺鼠是草食動物，牠們既不像其他雜食鼠，也不是兔子！如果想飼養天竺鼠，一定要認真閱讀這個章節喔！

　　天竺鼠的主食是牧草與含維他命c蔬果，而牠們要吃草是因為天竺鼠的每顆牙齒終其一生都會不斷生長，如果沒有適當地吃草，咀嚼大量粗纖維，很容易造成牙齒過度生長，引起無法進食、穿刺口腔等嚴重後果。天竺鼠一天要吃多少草呢？牠想吃多少就給多少喔！

天竺鼠的主食是牧草，而且一定要每天補充維他命 C。

牧草的種類與介紹

1. 提摩西牧草（Timothy hay）

　　亦稱貓尾草，適合各年齡天竺鼠食用。體重過輕、食慾低落、發育中幼鼠，可混合苜蓿草。6個月以上成鼠通常以提摩西牧草為主，常見的一番割草較粗、葉少，磨牙效果佳，有益天竺鼠口牙健康。二番割較軟且香，適合挑食或牙齒不好的天竺鼠。

2. 果園草（Orchard grass）

　　適合各年齡天竺鼠，發育期幼鼠可酌量混合苜蓿草。相較於提摩西一番割，果園草較綠、軟且甜香。

3. 苜蓿草（Alfalafa）

　　適合3～4個月以下幼天、產後及病弱生病的天竺鼠食用。紫花苜蓿是目前市面上常用的苜蓿草，含高鈣高蛋白、纖維質較低。苜蓿草營養偏高，健康成年天竺鼠多食過量易造成肥胖、鈣尿，甚至結石。

4. 百慕達草（Burmuda grass hay）

　　適合成年天竺鼠食用，屬高纖維、高蛋白、低脂肪低熱量，沒有特別的草香。最適合肥胖的天竺鼠。此外，百慕達草較為柔軟，對於天生咬合不正、牙齒過長或有傷口等口腔問題的天竺鼠，可用百慕達草混搭果園草餵食。

5. 甜燕麥牧草（Oat hay）

　　適合成年天竺鼠食用，因口味香甜，接受度很高，適合做為提摩西草的搭配混草，也可當作零食給予。

補充維他命C

　　天竺鼠之所以要補充維他命C，是因為牠缺乏關鍵酵素，自體無法合成維他命C，牠們完全依賴食物補充維他命C，若缺乏維他命C將在短時間引發各種嚴重疾病且可致命。

1. 維他命C蔬果之選擇

　　每日提供維他命C含量高之蔬菜水果。（天竺鼠為高食量動物，高熱量之水果攝取量占總食量15%以下，以避免肥胖。）

以下是常見維他命C含量高之蔬菜水果列表（建議每日攝取占總食量25%以下）

維他命C之王：綠豆芽、紅椒、青椒。

其他推薦食材：柑橘、奇異果、草莓、青椒、甜椒、紫蘇葉、空心菜、皇冠菜、A菜、西瓜皮、咸豐草、玉米葉鬚、蘿蔔葉、小麥草、狼尾草、小黃瓜、大陸A菜。

天竺鼠超喜歡吃各種蔬菜水果。

POINT

☆任何食材不宜一次性大量給予，也不宜長期單一給予。

2. 須注意餵食方式之蔬果

（1）地瓜葉、菠菜、莧菜：適量，勿長期多食。草酸含量較高，長期多食可能造成結石。

（2）胡蘿蔔、小黃瓜：含分解維生素C酵素，需單一餵食。

（3）十字花科蔬菜（油菜、青江菜、小白菜、大白菜、高麗菜）：可能造成嚴重脹氣需就醫，建議少量給予。

（4）西洋芹：纖維較粗硬，有噎住的疑慮。

維生素C易氧化被破壞，請避免食材放置隔夜、高溫烹調。

注意

注意或禁止餵食的食物：

禁餵五辛及刺激性植物，如：辣椒、洋蔥；來路不明的花草，可能有毒；番茄葉、蘋果籽等，有毒。

根莖類碳水化合物含量高，易造成脹氣及肥胖。地瓜、胡蘿蔔、甜菜根、豆類等，較不建議餵食。

3. 天竺鼠專用維他命C補充錠

市售有廠商製造之天竺鼠專用維生素C補充錠。維生素C容易潮解，較不建議完全依靠錠劑補充維生素C，可於無法準備蔬果或外出時使用。

注意

補充天竺鼠維他命C時，請不要使用人類的綜合維他命，因為過量的維他命D、A可能引起其他病症。

4. 天竺鼠專業廠商飼料

市售廠牌飼料品質參差不齊，許多飼料參雜過量穀物、添加劑，且維生素C非常容易潮解，較不建議完全依靠專用飼料補充維他命C。天竺鼠廠牌飼料可能參雜過量穀物，穀物可提升嗜口性，但是易引起肥胖及嚴重脹氣，含穀類飼料攝取不宜超過天竺鼠總攝取量的10%。

此外，市售廠牌飼料需挑選顆粒較小者（小於3mm），因天竺鼠咬合方式為橫移，並非上下，也就是說，顆粒太大牠們很難進食，甚至可能造成顎關節問題。大部分飼料熱量過高，且磨牙效果有限，仍建議以牧草為主食。

Point **專業廠商飼料**

市面上較適合天竺鼠的專業飼料，是維他命C重要來源之一。若更換飼料，須謹記循序漸進（參考P117）。

1. 市售點心

　　市售寵物鼠點心有許多是給倉鼠、大小鼠等其他雜食性小動物，成分參雜過多穀物，並不適合天竺鼠食用。選購市售點心時，請認明草本點心，選購「兔子專用點心」比鼠點心更適合天竺鼠。

2. 天竺鼠的飲水

　　天竺鼠為高食量、高飲水量動物，牠們除了需要攝取低熱量的草本食物外，還需要大量乾淨飲水，建議每日飲水100ml以上。請提供天竺鼠無限量經煮沸之乾淨飲水。

　　此外，天竺鼠使用水瓶喝水時，常將牙齒伸入水管內，髒汙、草屑及細菌將大量淤積在瓶底，每隔3天請將水瓶拆解清洗。

天竺鼠喝水會使水倒流回水瓶，造成細菌堆積。

水瓶是可以拆解清洗的喔！

③ 特殊鼠飲食

倉鼠、大小鼠
幼年、孕哺、病弱、老年鼠飲食照料

【高蛋白質需求：乳鼠、幼鼠、孕鼠】

● 乳鼠飲食

1. **定義**：出生1～21日是為乳鼠。
2. **母乳**：出生1～21日的幼鼠原則上以母乳為主食，母乳中含母原抗體，是其他營養品無法替代的營養成分，關係到鼠未來的體質與免疫力。
3. **代奶及專業營養粉**：出生～21日幼鼠如因母鼠無法以母乳哺育，必須以代奶及專業營養粉餵食。而哺育中的母鼠及幼鼠也可餵食代奶增加營養。
4. **營養粉**：可洽詢醫師推薦專用之營養粉。雜食小動物用營養粉可讓幼鼠營養充沛、快速成長。
5. **類成鼠飲食**：14日以上21日以下幼鼠開始攝取成鼠食物，幼鼠會學習媽媽行為、吃媽媽吃的東西。

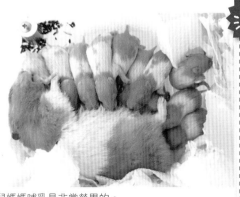

鼠媽媽哺乳是非常勞累的。

注意

※ 14日以下幼鼠離開母鼠極難存活，如需自行餵奶請經醫師指導。

※ 14日以上幼鼠可少量自行進食，但不代表幼鼠可離乳，請待21～28天觀察哺乳狀況離乳。

● 幼鼠飲食

21日以上，60日以下定義為幼鼠。剛帶回家的幼鼠死亡率最高，從寵物店帶回之寵物鼠常有「過早離乳」及「感染問題」，請就醫檢查。

21日以上幼鼠原則上餵食一半飼料，一半代奶及營養品。28日以上，60日以下之幼鼠可逐漸以飼料為主，代奶及營養品為輔。若觀察幼鼠咬不動飼料，可以嘗試將食材打碎或剪小塊。

60日以下幼鼠尚未發育完全，請避免提供生鮮蔬菜水果，以免因腸道不適引起腹瀉。

善用工具將飼料磨成小塊，給咬不動飼料的鼠食用。　幼鼠十分脆弱，需要特別細心照料。

● 孕鼠飲食

除了日常飲食（主食飼料、磨牙飼料、新鮮食物）之外，孕鼠需要高蛋白質食物。孕鼠整個產期前後（懷孕時、哺乳時、產後）都需要高蛋白質營養品，一般的高蛋白質食物包含代奶、營養粉、營養膏、起司、水煮蛋、水煮肉、天然豆漿等。

高蛋白飲食宜每天給予孕鼠。幼仔數量多，達到6隻以上時，建議每日提供代奶及營養粉，供母鼠維持充沛奶水及體力。

代奶及營養品可以減輕鼠媽媽負擔，加速寶寶成長。

【小營養分子、軟質需求：病弱鼠、老年鼠】

● 病弱、老年鼠飲食

病弱及老年鼠可能有精神食欲下降，體重過輕、營養攝取功能衰退、咬不動食物等問題。飲食照料以「顆粒小」、「軟質」、「營養均衡豐富」、「營養分子較小」為原則。可發揮創意，將以下建議項目混搭，讓虛弱鼠、老年鼠吃得開心又有營養。流質營養品建議以針筒分次餵食，若放置於籠內請定時清理換新，避免腐敗。

病弱、老年鼠可以在日常飲食中加入營養品。　針筒除了餵藥，也可以用來餵食營養品。

1. **安素、桂格完膳**：早期艾茉芮未引進台灣，醫生常使用人類安素作為弱鼠營養品，屬於嗜口性佳的小分子營養素，但人類營養品成分並非為鼠設計，不宜長期大量餵食。開水1：1稀釋，一天不超過2 cc，一次不超過0.5 cc。
2. **專業雜食營養粉（如：艾茉芮）**：全方位營養品，病弱老年鼠可長期吃。（健康鼠長期吃將影響身體吸收大分子營養素的效率）
3. **蔬菜水果**：病鼠、過輕鼠胃口不佳，應時常提供新鮮蔬菜水果促進食慾。
4. **蔬菜水果汁、豆漿、五穀漿**：可放微量糖，增加鼠食慾。
5. **代奶**：病鼠、過輕鼠胃口不佳，可提供代奶促進食慾。

6. **水煮蛋、肉**：病鼠、過輕鼠胃口不佳，可時常提供水煮蛋、肉促進食慾。

7. **嬰兒食品**：（無調味、無添加洋蔥）雞肉泥、蘋果泥。

8. **飼料無限供應。**

9. **各種額外補品**：五穀粉、蔬菜粉、麥粉等天然無調味的營養品，這類氣味香的食物可促進食慾。

10. **營養膏**：熱量高，對增重有幫助。一次餵食分量約綠豆大小。

11. **堅果、種子類**：南瓜籽、葵花籽、核桃、杏仁等等，香氣十足且熱量較高。

找出病弱鼠到底喜歡吃什麼？多種容易進食又營養的食材，可以有效提升病弱鼠生活品質。

攪拌小匙很適合餵鼠吃飯呢！

天竺鼠
幼年、孕哺、病弱、老年鼠飲食照料

新生1～7日天竺鼠飲食

　　新生天竺鼠對母乳依賴程度較低，但仍應受到媽媽照顧，母天竺鼠糞便含有腸道益菌叢，供幼仔攝取。天竺鼠出生後1～7天需要母乳，也會跟著媽媽學習吃飼料、牧草。如果幼天已經離開媽媽，應向獸醫師索取合適的代奶與餵食器，並且學習如何照護新生天竺鼠。

　　幼天竺鼠跟媽媽可以一起餵食「幼天飼料」與「苜蓿草」，飼料請注意防潮、密封，避免維他命C流失，建議額外請醫師開立專用維他命C。

出生 3 日，相當依賴媽媽的小天竺鼠們。

新生1週以上，6個月以下天竺鼠飲食

　　1週以上天竺鼠可以開始離乳，2週以上通常母鼠不再哺乳。幼天竺鼠腸道逐漸發育完成，所以除了幼天飼料及苜蓿草之外，可以開始餵食「少量」富含維他命C的蔬果，並且觀察情況，逐漸增加蔬菜水果分量。4個月以上天竺鼠可以開始加入成年天竺鼠飼料及牧草，更換主食以漸進式為原則，避免腸胃不適應及天竺鼠拒絕進食。

出生 3 日的小天竺鼠，離開媽媽會害怕地呼喚媽媽。

5歲以上（老年）天竺鼠飲食

天竺鼠邁入老年，活動力可能下降，需要的熱量也下降。食物上不建議有太大的變化，以免老年鼠不適應。若咀嚼能力變差，可以提高蔬菜分量，使用較軟的二番割提摩西牧草等。老年天竺鼠可能吸收力下降，建議諮詢醫生適當的保健品以預防疾病。

虛弱病鼠飲食

經過醫師建議，弱病鼠可以專業草食性營養粉餵食。水果、蔬菜泥可以提升食慾、補充營養及體力。

針筒可以用來餵食天竺鼠草粉、蔬菜泥等。

Chapter 6

愛鼠的健康
與疾病

如何保持鼠寶的健康

 預防勝於治療

保持適當的環境、飲食，鼠寶大多可以健康快樂陪伴主人很久。

1. 適當的溫度為20～25℃

鼠類通常散熱系統不佳，牠們不耐大溫差、低溫、高溫，可能引起呼吸道感染、失溫、中暑等。要避免將鼠放在溫差大的地方，如：陽台、窗邊、玄關等。氣溫低於20℃時應使用暖器，氣溫高於27℃時應使用降溫設備控制溫度。

溫溼度控管對於鼠類小動物非常重要。

2.適當的溼度：50%～75%

台灣溼度較高，尤其梅雨季時溼度長期過高，鼠的皮膚可能因此發生病灶，夏季若溼度過高也會增加中暑機率。建議在溼度過高時開啟除溼設備，平時保持籠舍通風乾燥。

3.適當的籠舍

第4章提過，各種鼠類使用適合的籠具，可以避免牠們受傷、心理焦慮鬱悶，導致生理疾病。

4. 適當的飲食

每一種鼠都有其合適的飲食結構，專用飼料搭配天然健康食材，可以保持鼠寶健康快樂。許久仍末吃完的飼料、食材可以清除，不要逼迫牠們吃下不新鮮的飼料比較好喔！

5. 適當的清潔

鼠跟人類一樣喜歡乾淨，維持環境無尿臭味，墊材環境無大量孳生細菌，可以保持鼠寶健康愉快。

② 挑選合適的動物醫院

　　鼠屬於「非犬貓」小動物類，一般動物醫院通常以貓狗為主，合適的鼠醫院除了要找到「會看鼠的醫生」以外，每位飼主也希望能找到信任、好溝通的醫生。找到信任的醫生，並確實配合醫生的治療囑咐是飼主的責任喔！

 ## 如何挑選合適的動物醫院呢？

1. 先挑選家附近會看鼠的醫院

　　鼠有輕微症狀需要處理時，可以參考愛鼠協會網站整理出的全台灣鼠醫院列表，或參閱本書附錄，趕緊查一查哪家鼠醫院就在家附近吧！

2. 觀察醫生是否熟悉鼠類動物

　　醫生在接觸鼠、保定鼠時，是否不知所措呢？鼠類動物咬醫生是常有的事，如果醫生拿出毛巾、絨布、手套對鼠進行保定是正確的，不用過度擔心。

醫生是否能順利地為鼠進行檢查呢？

醫生使用絨布對鼠進行保定，可降低鼠緊迫感。

　　醫生開藥時，是否一次食用的分量太多？以小型鼠、黃金鼠而言，專科醫院通常一次餵藥0.05～0.1ml，如果醫生開一次藥食用量超過0.3ml，鼠吞食就有困難囉！

3. 醫生是否提供完整的解說？

　　飼主應先仔細聽取醫生説明，聽完之後若有疑問，我們應該勇敢發問。這時候可以觀察醫生是否能夠完整解說？有互相信任的基礎後，配合醫生進行適當的醫療照護，對鼠的病情幫助非常大。

4. 若需要住院，飼主應至醫院住院區仔細觀察。

　　醫院是否提供合適的住院設備、籠具？醫院是否將鼠類動物天敵與鼠住院區放在一起？（鼠類天敵包含：貓、狗、貂、大型鳥等）

鼠專科醫院設備齊全，能治療鼠類動物各式病症。

 健康狀態確認

　　鼠專科醫院可以提供較精確的健康檢查，一般而言會有的項目包含：

1. **觸診**：醫生以觸診確認鼠骨骼、肌肉、內臟是否正常等。
2. **聽診**：醫生以聽診器確認鼠內臟是否正常等。
3. **視診**：醫生觀察鼠的耳道、口腔、行動、外觀、皮膚毛髮等是否正常。
4. **糞檢**：醫生以顯微鏡觀察鼠糞便菌相是否正常。

　　更進一步的檢測方式包含：尿液檢驗、血檢、X光、超音波、切片送檢等等。飼主應仔細地聽取醫生説明，在相互信任的情況下與醫生討論，才知道該採取什麼樣的檢測項目喔！

檢查天竺鼠口腔需要專業器材輔助。

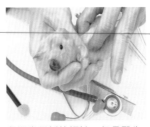

鼠通常很抵抗觸診，但是醫生可以從觸診確認許多訊息。

鼠也很討厭檢查耳朵呢。

餵藥教學

第一次餵藥時，針筒遞到鼠嘴邊，鼠願意乖乖吃藥，一切都很美好。但若鼠不肯乖乖吃藥，總是拚命掙扎怎麼辦？餵藥大絕招全公開。

1. 依據鼠的體型準備一條可以將鼠整隻包裹的絨布，並將針筒、藥都準備好在旁。

2. 保定

1式：用布將鼠蓋住，隔著布將鼠抱起後餵藥。

中小型鼠版本

2式：如果鼠仍然過度掙扎，可以用布將鼠捲妥後抱起餵藥。

天竺鼠壽司版本

3式：徒手保定。適當地壓住鼠的「肩膀」，並且從後抵住牠們的屁股。讓鼠無法往前或往後掙脫。切忌過度用力。

用手指輕壓住鼠的兩邊肩膀，並且固定住鼠的屁股，避免牠逃走。

如果沒有壓住鼠的手，鼠常用手推開針筒，導致藥量錯誤。

3. 投藥

　　正確的吸藥方式：針管內不殘留空氣，才是正確的藥劑量喔。

　　正確的餵藥方式：針筒從側邊（而非正前方）伸入門牙後側，往臉頰方向（而非喉嚨方向）輕推藥物。藥物滿溢至嘴角時先暫停推藥，待鼠吞食後再繼續餵食，過程應快速準確。如果藥水量較多，應每推一小段休息幾秒鐘，避免嗆傷。

錯誤餵藥方式 ✕

○ 正確餵藥方式

3 各個季節的健康管理

 夏季健康管理

　　台灣夏季高溫悶熱，高溫易造成體型小散熱差的鼠類中暑，天竺鼠、大小鼠有依偎在一起的天性，也容易因為體溫過高而中暑。雨季來臨時，溼度升高可能導致鼠們發生皮膚病。因此善用空調、除溼機、電風扇、通風陰涼處調節溫溼度，對鼠來說十分重要。

　　夏天到了，觀察鼠是否無精打采？是否喘息速度快？是否身體貼在地面、側躺、平躺，甚至流口水、下巴、胸口被口水浸溼？這些都是中暑前兆與症狀！必須立刻降溫。鼠若已經抽搐、倒地無力、休克無意識，請立刻降溫並送醫。

快速降溫方法：將酒精塗抹在鼠腹部，並降低室內溫度。

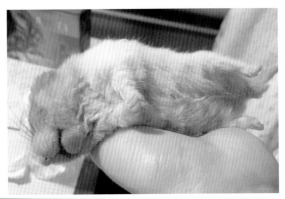

鼠口水沾溼下巴、癱倒是中暑症狀！需要立刻降溫並就醫！

　　台灣冬季偶有寒流與大溫差，體弱之幼鼠、病鼠、老年鼠，可能會快速失溫休克。正常鼠體溫應該比人手溫熱一點，當我們用手摸鼠身體「涼涼」的，就是失溫囉！

　　健康鼠類動物環境應維持在20～25℃之間，提供充足墊材、保暖窩。小鼠、倉鼠可使用衛生紙、廚房紙巾、紙墊材等保暖材料，醫生普遍建議禁用布類、棉花類，這些材質易造成纏繞四肢、堵塞腸道等危險。大鼠、天竺鼠可使用布窩、毛巾等進行日常保暖。

　　所有暖器請置於籠外，避免加熱過度、燙傷、鼠咬破誤食等危險。

　　剛出生之幼鼠沒有體溫調節能力，如果環境溫度太低，媽媽離開幼鼠覓食時，幼鼠可能失溫，請保持環境溫度在25～27℃。病鼠、老年鼠過於虛弱時，環境溫度需要保持在30～31℃。

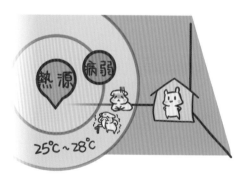

保暖溫度區間示意圖。

雖然有些暖器標榜可以放置在籠內，仍有烤傷鼠的案例，此類型暖器請置於籠外。

4 生命階段照護：孕育、成長、壯年、疾病、老年

孕育期

鼠類動物大量、快速繁殖，在野外，鼠幼仔有較高的死亡率。人為飼養環境中，母鼠養活整胎幼鼠的機率很高，飼主可以做的是「不打擾」，提供安寧環境，充足的飲水與食物。營養補充請參考「特殊鼠飲食」。無論什麼品種鼠，母鼠懷孕期請提供較高蛋白質飲食、充足水分，安靜隱密環境，盡量避免打擾。懷孕天竺鼠建議帶至獸醫院檢查，向醫師諮詢避免難產。

除天竺鼠以外，其他鼠類請在幼鼠出生至第15天，提供大量食物，大量築巢墊材，暫不更換籠舍墊材、不打擾鼠媽媽、不觸碰幼仔、嚴防母鼠逃家為照護原則。15天以上幼鼠開眼後，始可適當清潔籠舍，勿過度騷擾母鼠哺育幼鼠、玩弄幼鼠。

生產完滿21日之母鼠建議帶至鼠醫院健康檢查。

幼鼠需注重保暖，觀察進食狀況並適當補充營養。請參考「特殊鼠飲食P127」。

人類驚動導致母鼠棄養、咬死幼仔。

成長期

此階段幼鼠可能尿床、不會使用水瓶、不懂得進食等等，需要飼主細心觀察照料。適當地引導鼠學習生活技能。

時常確認幼鼠可以順利進食。

壯年期

　　健康壯年的鼠，只要維持適當的生活環境、飲食，每日觀察記錄，定期3～6個月健康檢查，就可以維持鼠的幸福生活囉！

天竺鼠進行健檢。

疾病期

　　疾病的發生很少是一朝一夕，通常都有一段時間的「症狀」，飼主應每日觀察記錄，異狀發生時才能早期發現治療，減少小動物不必要的痛苦。早期治療對飼主而言也較省事。

每天都確認一下鼠寶狀況吧！

老年期

1.定義：倉鼠、大小鼠1歲8個月以上開始邁入老年。天竺鼠5歲以上開始進入老年。

1歲半的鼠也開始中年發福了喔！

5歲以上邁入中老年的天竺鼠，眼睛、關節出現退化，毛髮也不再亮麗。

2. 老年鼠可能具有下列特徵：

(1) **骨骼、關節退化**。外顯為駝背、僵硬、跌倒、顛腳走路、咬不動飼料。

(2) **白內障**。外顯為眼球中間混濁、白白的。

(3) **營養吸收退化**。外顯為變瘦、毛髮失去光澤。

(4) **心肺功能衰退**。外顯為呼吸起伏大，好像很喘。

(5) **記憶力、反應變差**。外顯為亂尿尿、搞不清方向、睡錯地方。

(6) **身體常有病痛**。外顯為脾氣差、咬人、睡眠時間增加、拱背喘息、不願進食。

(7) **抵抗力低落**。外顯為皮膚病及其他各種潰爛、炎症、腫瘤等疾病。

3. 老年鼠的生活：

(1) 若鼠行動不便，請盡量保持籠內平坦。家具也改為低矮型，方便鼠使用。

(2) 不要大幅更動家具擺設，鼠此時探索、記憶力可能很差，大幅變更擺設會使牠感到困擾無助。

(3) 請保持適當溫度，老年鼠易失溫、易中暑，鼠所在環境勿溫差過大。溫度不應低於21℃，也不應高於27℃。鼠非常虛弱時則應維持在30～31℃，避免失溫。

(4) 請保持適當溼度，老年鼠抵抗力低落，易遭皮膚病及各種細菌侵擾，溼度超過75%易孳生各種細菌、黴菌。

(5) 時常觀察鼠，耐心幫助牠。若鼠自己無法維持身體清潔，可以棉花棒沾取生理食鹽水協助擦拭乾淨，保持鼠毛髮乾燥清潔。

關於各階段鼠的健康管理，請更進一步詳細諮詢您信任的獸醫。

Chapter 7

常見於寵物鼠的疾病

寵物鼠常見疾病

寵物鼠生殖系統疾病預防、發現及治療

沐沐動物醫院-鼠兔鳥爬專科　高如栢醫師

在台灣，有很多種的小型囓齒動物被當做寵物鼠飼養，常見的有倉鼠、天竺鼠、松鼠、大鼠、沙鼠及小鼠等等。以下是常見寵物鼠的生殖系統疾病的介紹。

臨床上，生殖系統的發炎、感染及腫瘤在寵物鼠是很常見的。有生殖系統疾病的老鼠可能出現腹部腫脹、皮下團塊、黏液樣、膿樣或血樣的陰道分泌物、外陰部或陰囊的腫大或腫塊以及陰道或子宮的脫垂等較特徵性的症狀；但也可能只會出現精神不佳、食慾低落或消瘦等非特異性症狀。如果可以快速的診斷跟適度的治療，不只可以增加病鼠的治癒率及存活率，也可以改善病鼠的生活品質。

診斷

放射線跟超音波檢查：可以幫助我們確診母鼠的子宮與卵巢的異常、公鼠的睪丸與副性腺的異常以及皮下團塊的狀況。

組織病理學及細胞學檢查：細針穿刺採樣或生檢的檢查結果可以幫助確立診斷。

治療

可以使用藥物或手術治療，不過第一要務通常是要先穩定病鼠的身體狀況。輸液、止痛、抗生素以及任何可以幫助穩定病況的治療程序都可以進行，尤其是在之後如果有需要進行手術的病鼠。雖然有些情況可以使用藥物來治療；不過通常大多數的病例都需要進行手術，例如卵巢切除、子宮卵巢切除、去勢及團塊切除等來進行治療。

母鼠的生殖系統疾病

生殖系統異常在各種雌性寵物鼠身上都很常見到，包括腫瘤、發炎、增生、脫垂及難產等等。卵巢、子宮及陰道是最常出現疾病的生殖器官；不過輸卵管及子宮頸也有發生異常的可能，偶而可以見到輸卵管的腺癌或血管瘤以及子宮頸癌。

● 卵巢的疾病

寵物鼠常見的卵巢疾病有囊腫，血管瘤及腫瘤等，通常手術治療是最好的方式。

1.卵巢囊腫：

所有寵物鼠皆會發生卵巢囊腫，其中以天竺鼠（圖1）、沙鼠及倉鼠最常發生，特別是在3歲以上的天竺鼠、2歲以上的沙鼠與黃金鼠以及1歲以上的楓葉鼠。2歲以上的寵物沙鼠及倉鼠很常見多囊性卵巢的發生，通常觸診時就可以很容易摸得出來。可能只在單側發生，不過臨床上通常都是雙側同時發生；大部分的多囊性卵巢經常會同時伴隨有卵巢腫瘤的發生。比較常出現的症狀有對稱性脫毛、腹部腫大（圖2）及呼吸困難。

天竺鼠的卵巢囊腫，右側卵巢有60ml積液。

超音波是一個非常有用的診斷工具，不過確診還是需要手術取出的組織進行組織病理學檢查才能確定。卵巢摘除術或子宮卵巢摘除是最常使用的治療方式；不過如果是濾泡囊腫的話，嘗試使用GnRH agonist等藥物來治療也是會有幫助的。

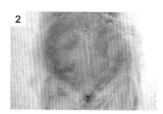

楓葉鼠因為雙側卵巢腫瘤造成的腹部膨大。

2.卵巢腫瘤：

卵巢腫瘤在所有寵物鼠皆有可能會發生，其中又以倉鼠、小鼠、大鼠及沙鼠最常見到。楓葉鼠的卵巢腫瘤發生率很高，常見的有顆粒細胞瘤（圖3）及鞘細胞瘤；但在黃金鼠相對而言卵巢腫瘤則是比較罕見的。大鼠和小鼠的卵巢腫瘤雖然很常發生，但是通常跟牠們的品系有關；2歲以上的沙鼠也常會發生卵巢的腫瘤。常發生在卵巢的腫瘤有卵巢基質腺瘤、顆粒細胞瘤、鞘細胞瘤、畸胎瘤及惡性胚細胞瘤等等。

通常沒有特異性的症狀發生，所以診斷較為困難；有時腫瘤很大時會有腹部的膨大，可以在觸診時發現。可以使用超音波來協助診斷，但治療還是以手術進行卵巢摘除為主。通常卵巢摘除後的大鼠及楓葉鼠，其乳腺及腦下腺腫瘤的發生率會比較低且存活時間也會比較長。

● 子宮的疾病

子宮疾病是寵物鼠最常見到的生殖系統問題，其中又以子宮內膜增生、子宮積液（圖4）、子宮積膿（圖5）、發炎及腫瘤是最常見的狀況，有時也會有子宮脫垂（圖6）或子宮破裂的發生。而子宮卵巢摘除術還是最好的治療方法。

楓葉鼠卵巢的顆粒細胞瘤及濾泡囊腫。

42公克重的楓葉鼠雙側子宮角積液。取出子宮重量16公克。

楓葉鼠雙側子宮角及子宮頸的積膿。

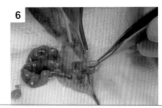

開腹治療子宮脫垂的楓葉鼠，可以見到套疊的右側子宮角。

1.子宮積液、積血、蓄膿、子宮炎及子宮內膜炎：

上列的子宮異常通常是手術後摘除的子宮在組織病理學檢查後的診斷。雖然在臨床上，每年治療的子宮蓄膿病例並不少，但其實子宮蓄膿在寵物鼠的生殖道疾病中所占的比例並不像鼠友認為的那麼高。有很多鼠友只要看到鼠鼠的肚子腫了或是陰道有分泌物出現了，就會直接診斷為子宮蓄膿了。但其實很多病例術後的檢驗結果却都不是子宮蓄膿，所以在診斷上還是需要小心判定的。

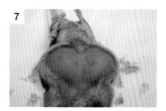

小鼠因為雙側子宮角積膿造成腹部腫大。

子宮的炎症最常出現的症狀有精神不佳、食慾不好、有時會有飲水增加的情形；腹部膨大在有積液時會很明顯（圖7），同時常會伴隨有褐色、綠色呈膿樣、黏液樣或血樣的陰道分泌物（圖8、圖9）；有時則會有不孕、繁殖低下及流產等表現。但是要注意正常的雌鼠在動情週期末期，在正常排卵後會也會有白色分泌物，不要誤認為是子宮積膿排出的膿了。

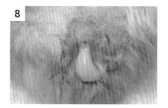

黃金鼠陰道的膿樣分泌物。

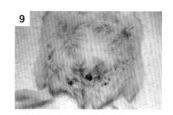

楓葉鼠陰道的血樣分泌物。

超音波跟細胞學檢查可以協助確診子宮積膿，特別是子宮有腫大的時候。最常用的治療方法還是子宮卵巢摘除術，不過也有使用藥物合併抗生素成功治療黃金鼠子宮蓄膿的病例。

2.子宮內膜增生：

子宮內膜增生也是寵物鼠在手術後取得的子宮檢體在進行組織病理學檢查時很常看到的結果；通常在年齡較大的母鼠很常發現。子宮內膜的增生可能跟年紀有關，但跟荷爾蒙尤其是雌性素的變化也是有關聯的；因此經常會發生在肥胖、有多囊性卵巢、有會產生雌性素的腫瘤以

及使用雌性素替代療法時。通常沒有特異的症狀；通常是子宮檢體送檢時的病理發現。

楓葉鼠的子宮平滑肌瘤及子宮內膜增生。

3.子宮腫瘤：

　　子宮腫瘤在所有的寵物鼠都會發生，通常發生在2歲以上的沙鼠及1.5歲以上的楓葉鼠。大鼠的子宮腫瘤以良性居多；而倉鼠跟沙鼠的子宮腫瘤則多為惡性。在小鼠跟大鼠常見的子宮腫瘤有平滑肌肉瘤、基質肉瘤及腺癌；而黃金鼠跟中國倉鼠則以子宮腺癌最為常見。楓葉鼠常見的其他腫瘤有子宮內膜息肉、平滑肌肉瘤（圖10）及平滑肌肉癌等。

楓葉鼠的陰道脫垂。

　　子宮腫瘤常見的症狀為陰道的血樣分泌物及腹部的膨大。放射線檢查與超音波檢查在子宮疾病的診斷是有幫助的，尤其是當子宮膨脹或擴大時。治療也是以手術移除為主。

楓葉鼠的陰道乳突瘤。

● **陰道的疾病**

　　陰道常見的異常有腫瘤、息肉、脫垂（圖11）及陰道炎。

陰道腫瘤：

　　所有寵物鼠皆會發生陰道腫瘤，是第二常見的生殖道疾病；特別好發在黃金鼠及楓葉鼠。最常見的陰道腫瘤有鱗狀上皮乳突瘤（圖12）及鱗狀上皮細胞癌。常見的症狀包括有陰道分泌物、外陰部的團塊或出血等等。治療通常也是以手術切除為主。

● 乳腺的疾病

乳腺常見的異常有乳腺炎及腫瘤。

乳腺腫瘤：

所有寵物鼠皆會發生乳腺腫瘤，而其中以大鼠及倉鼠的發生率特別高。大鼠很容易有乳腺腫瘤，尤其是纖維肉瘤；大鼠的乳腺分佈範圍很廣，她們的乳腺腫瘤也常生長的很快且通常會變得很大。楓葉鼠也很常見乳腺的腫瘤，不過乳腺腫瘤在黃金鼠則是很罕見的。症狀通常為胸腹皮下出現團塊及腫脹，有時會有潰瘍或傷口，且可能會非常的大（圖13）。

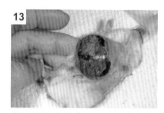

楓葉鼠的乳腺瘤，可見巨大且伴隨有表皮潰瘍灶的胸部團塊。

乳腺腫瘤的處理也是以手術切除為原則，不過有些藥物也可以用來治療乳腺腫瘤，或是先讓腫瘤縮小以便之後手術移除。母鼠在結育手術後，乳腺腫瘤的發生率會顯著的降低，因此母鼠的結育手術可以預防乳腺腫瘤的發生。

 公鼠的生殖系統疾病

雄鼠的生殖系統異常雖不常見但也不是很罕見，常見的有腫瘤、創傷、膿瘍、脫垂及發炎等等情形。雄性寵物鼠的生殖系統疾病通常最建議的處理方式還是以睪丸切除，也就是去勢手術來治療。

雖然睪丸炎跟副睪炎可以嘗試使用藥物治療，但是因為臨床上不易診斷，為了避免錯失治療時機，藥物治療合併睪丸切除會是比較好的選擇。而創傷跟膿瘍則隨發生部位的不同會有不一樣的處理方式，不過因為通常會需要進行大部分的陰囊切除，且為了避免之後再發生問題，所以會建議同時進行去勢手術。

1.尿道栓子：

尿道栓子是由儲精囊腺分泌的蛋白質和凝固腺分泌的前列腺酵素混合而成的。在健康的雄鼠正常就可以發現，這些栓子的出現代表鼠鼠的身體非常健康。但是尿道栓子也可能引起公鼠的尿道阻塞，此時可能就會有排尿困難跟疼痛等症狀；嚴重的話甚至可能因尿道栓子阻塞尿道而造成水腎等腎臟的傷害。所以有時醫師會建議在幼鼠時進行去勢手術來預防，因為移除睪丸後陰莖與副性腺會退化，可以減少尿道阻塞發生的風險。

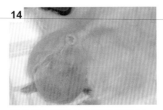

黃金鼠左側睪丸的間質細胞瘤，可見左側睪丸腫大。

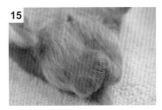

黃金鼠的雙側陰囊膿瘍，膿瘍占據了整個陰囊的後側。

2.腫瘤：

睪丸、副睪、前列腺及尿道球腺都可能會有腫瘤的發生。黃金鼠及楓葉鼠的生殖道腫瘤有睪丸的精細胞瘤、間質細胞瘤（圖14）、睪丸網的腺瘤、前列腺腺瘤、尿道球腺的腺瘤與囊腺瘤，以及副睪的腺瘤與副睪癌。而在大鼠跟小鼠最常發現的則是睪丸的間質細胞瘤，但其發生率跟大鼠及小鼠的品系有非常明顯的相關性，例如有些品系如CBA/J小鼠就從沒有發現過睪丸腫瘤。

公天竺鼠的乳腺瘤，可見左側乳腺明顯變大。

3.睪丸炎、副睪炎及包皮炎：

睪丸、副睪及副性腺可能因為創傷、細菌或病毒感染而造成發炎。通常發生在睪丸及副睪時可由陰囊觀察到發炎部位會有紅腫熱痛的現象。

4.膿瘍及創傷：

　　陰囊及睪丸的膿腫在黃金鼠及楓葉鼠最常見到（圖15）。可能是因為同伴打鬥、被攻擊、被環境中的物品弄傷、感染或自己舔舐而造成。

5.乳腺腫瘤：

　　除了天竺鼠跟楓葉鼠之外，大部分公鼠很少發生乳腺腫瘤。臨床上，公天竺鼠發生乳腺腫瘤（圖16）比母天竺鼠還常見；所以公天竺鼠的乳腺檢查是很重要的基本檢查。雄性楓葉鼠也會發生乳腺的腫瘤，不過發生率比雌鼠少很多。

獴獴加非犬貓專科醫院　林芝安醫生

造成呼吸道疾病的前置因素

呼吸道疾病的致病因子包括緊迫、環境衛生不佳、氣溫改變等，也就是說，如果鼠鼠來自群居飼養、缺乏衛生管理，而最近剛到新環境，或氣溫陡升／陡降，但沒有做好環境降溫／保溫等，都會導致鼠鼠的抵抗力下降，進一步誘發呼吸道感染。

台灣屬於亞熱帶海洋性氣候，也易受到大陸氣團影響，因此全年偏溼熱，須特別注意避免墊材潮溼導致黴菌孳生，臨近秋冬時也需要常備保溫燈，避免寒流來襲導致鼠鼠失溫。須注意加溫設備分為主動加溫（如保溫燈、暖暖包等），及被動保溫（保暖墊材如紙棉等），常有主人只有提供被動保溫方式仍發生失溫案例，當動物處於年幼、年長、生病等時期，自我產熱能力常不足以維持體溫，進而導致失溫，因此當鼠鼠處於上述狀況時，建議適度給予主動加溫設備。倉鼠的理想環境溫度為22～28℃，提供保溫燈時熱點溫度最好在26℃，再以此觀察鼠鼠的趨熱或避熱行為來做溫度調整。

常見的呼吸道症狀

包括噴嚏、流鼻水、呼吸雜音（泡泡聲）、眼鼻分泌物增加、鼻黏膜腫脹、呼吸急促、呼吸用力、張口呼吸、食慾不振、精神活力下降、脫水、沉鬱、消瘦等等。有時當疾病並非單純呼吸道來源時，可能會使症狀更複雜，須諮詢獸醫做判斷。疾病的拖延可能會導致由上呼吸道感染（俗稱感冒）進展成肺炎，但鼠鼠的動物本能常會使牠們掩蓋疾病症狀，因此當鼠鼠有相關症狀時都建議儘快就醫。

呼吸道感染來源

感染病源可分為細菌性、病毒性、寄生蟲、黴菌等等。細菌感染是最常見的感染源，其他病原則相對少見。

過敏

過敏在臨床上是最常見需要和呼吸道感染作區別診斷的問題，常見症狀也是噴嚏、流鼻水、眼鼻分泌物增加、鼻黏膜腫脹等等，當有此類症狀時建議需和獸醫師討論，避免自行診斷。可能造成過敏的過敏原繁多，從粉塵、毛髮、皮屑、墊材／衣物纖維、各種食物等等，少數幸運案例可以找到過敏來源，以排除過敏原方式控制，但大部分過敏鼠仍須和症狀共存，當症狀嚴重時仍須諮詢獸醫使用藥物控制，長期保健可嘗試益生菌、酵素或多醣體類保健產品。

診斷方法

病史描述、詳細的理學檢查和聽診是必要的，在儘量不造成更大緊迫的前提，可以進一步做的檢查包括X光、超音波等，做為心臟問題、過敏等相關疾病的區別診斷。當已有呼吸窘迫時，可優先提供安靜的氧氣房進行觀察，以方便醫師的下一步檢查和治療。

治療

呼吸道感染會先給予廣效性抗生素、抗組織胺等藥物，長期頑固的呼吸道感染可能需要進一步做細菌採樣培養。

有時候會發生因齒科疾病而繼發的呼吸道感染，如齒根膿瘍侵蝕上顎骨入侵鼻腔、門牙咬合不正使上門牙過長到捲插入鼻腔等，須先處理齒科疾病（膿瘍清創加拔牙、定期修剪過長的上門牙）再合併治療鼻道感染。

當鼠鼠症狀較嚴重時，可嘗試合併噴霧治療，來加速症狀緩解。在長期慢性呼吸道疾病的案例，有時也會給予居家噴霧治療作長期控制，但需要先諮詢過獸醫師。

中醫也可做為呼吸道感染的輔助治療，尤其在長期感染案例，服藥期往往需要一定週期，請諮詢中獸醫專科門診。

近年來雷射作為新興醫療技術也開始採用於呼吸道症狀控制，在藥物控制效果不佳或症狀較嚴重案例可以合併雷射照射，有鼻黏膜消腫、抑制感染、促進受損細胞修復等功效，進一步緩解症狀，但目前無法做為單一治療方法。

營養支持是感染控制的重要環節，當鼠鼠食慾下降時仍需要提供足量水分和熱量，緊急處理可給予稀釋十倍運動飲料，但仍須儘快就醫。有呼吸道症狀時，鼠鼠可能會張口呼吸，灌食時要特別注意避免嗆到或噎到，進而導致吸入性肺炎，因此在嘗試灌食前須先諮詢過相關專業醫療人員。

呼吸道疾病為鼠類第二常見疾病，僅次於腸胃道疾病，在過度繁殖、群居飼養環境甚至可能導致群體感染，除了個體體質差異，呼吸道問題往往來自於環境因素（緊迫、溫度、衛生等等），是預防呼吸道疾病的關鍵。建議定期健檢，有症狀立即就診，以免發展成肺炎或慢性呼吸道疾病。

聖地牙哥動物醫院　李安琪醫生

　　齧齒類動物健康不良常常是因為發生腸胃炎和腹瀉。 一般應該是查出原因後再治療。突如其來的飲食變化也會導致腹瀉，膳食與其他動物一樣，要更換餵食的食物應該是漸進式的。以下稍微介紹一些常見的疾病：

沙門氏菌症

　　鼠傷寒沙門氏菌或腸炎沙門氏菌可導致齧齒類動物的急性或慢性腹瀉，但在某些情況下糞便也可能會是正常的。被感染動物的其他症狀包括敗血症、慢性消瘦和流產，在寵物鼠中，發病率很低。這種人畜共通傳染病如果被診斷出來，通常會建議安樂死。

泰澤病

　　所有齧齒類動物，都會被「Clostridium piliforme」這種細菌感染造成胃腸道發炎，沙鼠，其次是倉鼠，是最常見的，被感染的數目和死亡率比大鼠跟小鼠高。這種疾病經常發生在飼養的群組密度太高、飼養不良、溫度溼度太高的惡劣環境下未使用抗生素、寄生蟲過多或者有其他疾病等壓力因素引發的。

　　倉鼠和沙鼠的臨床症狀通常是非特異性，可包括水樣下痢、毛髮很骯髒、脫水、嗜睡和死亡。診斷基本上是依據解剖結果：壞死的肝臟病灶，有時可見腸道病變，被感染的組織可做Giemsa或PAS染色。一般的療法很少成功，但是口服藥物可能會減少死亡率。

病毒性腸炎

小鼠肝炎病毒，一種冠狀病毒，可引起新生幼鼠嚴重腸炎但在寵物鼠很少見。在族群中控制的方式是停止繁殖6～8週，並且不再引入新個體。

寄生蟲性腸炎

糞便檢查可以檢查出寄生蟲的種類以及數量，在動物中發現的寄生蟲有些可能是無病原性的，但是數量太多仍會造成腸胃道發炎。寄生蟲的種類包含原蟲、線蟲以及條蟲。原蟲在數目多時會造成腸胃炎；線蟲在年輕的動物有時無任何症狀，或者只造成輕微的腸胃炎，但是蟲體數量太多時，會造成腸道非常大的負擔甚至脫肛；條蟲是人畜共通傳染病，在小腸比較常發現，感染通常無症狀，但是如果蟲體數量太多會引起嚴重的腸胃炎、體重減輕甚至死亡。

頰囊問題

倉鼠的頰囊經常受到各種東西包括食物及墊料影響。會出現面部擴張，單側或雙邊的，可以像焦油一樣延伸到肩胛骨。如果保持擴張的時間太久，有可能會破裂，導致皮下發生感染。治療時會在全身麻醉下將頰囊外翻，排空並沖洗袋子治療磨損和感染（局部或全身），並且縫合以防止復發。潛在原因，如牙齒應該加以評估。這種狀況可能會再次發生。

增生性迴腸炎（溼尾症）

這種腸炎是「Lawsonia intracellularis」一種細胞內的細菌引起的增生性腸炎，影響3～10週齡的幼倉鼠。 在這段期間的幼鼠會有斷奶等緊迫因素 ，都跟這種疾病有所關聯。 症狀包括厭食、嗜睡、和毛髮稀疏等不良的外觀以及腹瀉。積極支持治療需要液體和營養支持，以及抗生

腸套疊致死率高。

素。 預後很差，那些生存下來的動物可能會發育不良，腸套疊或直腸脱垂。

抗生素相關性腹瀉／腸毒血症

　　在齧齒類動物選擇合適且安全的抗生素是非常重要的。倉鼠胃腸道菌叢主要為革蘭氏陽性菌，使用不當的抗生素容易導致菌叢的數量失衡，促進梭菌（Lactobacillus spp.和Bacteroides spp.）的增生，改變腸道內的酸鹼值以及增加揮發性脂肪酸的產量。揮發性脂肪酸會抑制正常細菌，進一步導致梭菌產生毒素。這些毒素破壞粘膜上皮細胞並導致腹瀉和腸毒血症，並且可能導致更嚴重的疾病和死亡。

　　抗生素對個體的影響可能有所不同。對革蘭氏陽性細菌使用窄譜抗生素比使用廣效性抗生素更危險。

　　由於直接作用於胃腸道菌群，阿莫西林、阿莫西林/克拉維酸、氨苄青黴素、桿菌肽、頭孢菌素、克林黴素、紅黴素、林可黴素和其他青黴素都有可能會引起抗生素相關性腹瀉。

　　治療抗生素相關的腹瀉和腸毒血症應該從積極的支持療法開始，減少毒素的產生和影響，努力建立正常菌群。考來烯胺是一種離子交換樹脂能夠結合細菌毒素並已被證明可以預防腸毒血症。其他一般支持治療包括矯正體溫過低。使用餵食器補充膳食纖維，益生菌的攝取也是會有所幫助的。在密集飼養的情況下，毒血症會更嚴重，環境有可能被梭菌孢子汙染，因此應該努力保持環境乾淨。

腹瀉、虛弱，需盡快就醫。

腸胃疾病之中醫觀

明佳動物醫院　鄭宇光醫生

　　中獸醫與西獸醫的治病觀點是不同的，中獸醫的論點屬於「整體性」，亦即一個疾病的發生常常就牽連到五臟六腑的問題，也就是牽一髮而動全身，而非一臟一器的單純關係。再則，外界天氣、節氣的變化，對於寵物本身氣機循環的影響，亦會引起疾病的發生，也就是本氣自病的觀點。玄否？一點也不。掌握臟腑氣血循環的規律，參照節氣的運行變化，便可瞭解疾病的發生，如此對症，何患不癒之有。

　　因此，雖然題目是腸胃疾病，但在中醫的論點中，獸中醫會考慮到肝氣、腎氣及脾氣的升降問題，結合節氣的變化在予以中藥治療。不再是頭痛醫頭，腳痛醫腳的概念了。

　　所以，日常鼠科診察的病例中，我常常用中醫理論，解釋病情，對症下藥，雖非萬病都癒，但帶病延年著實不少，跟家屬相處的歡樂時光也延長了，更減少了西藥的副作用與不適感，這無非就是治療的真正目的。

　　列舉兩個腸胃問題的病例，跟各位分享。

Case 1

病史 107年6月

天竺鼠，公，未結紮，三歲五個月

全身無力，癱軟，腹瀉，至他院夜間急診，醫師給於皮下點滴，但未見改善，極為虛弱。

治療思路

四肢稟氣於脾胃，陽明戊土不降，太陰脾土不升，濁陰清陽不達四肢，是以無力癱軟。
腎陽虛衰，脾胃失根，中氣虛寒，土溼木鬱，是以腹瀉。
溫腎陽，收相火，補中氣，燥中土，達木鬱，以解上述病症。

處方如下

真武湯＋白扁豆＋五味子＋烏梅＋淡豆豉

病史 107年7月

倉鼠，公，未結紮，八個月大

飼於屋內，未開冷氣，僅開電扇，飼主告知環境溫度達到30℃，癱軟，嗜水，瀉痢、不吃，頸部有水腫現象。

治療思路

水生化氣，氣降生水，周流一氣，環環相扣。
水生化氣者，責之於己土，亦及於乙木。
氣降生水者，責之於戊土，亦及於辛金。
頸部水腫停於上焦，陽明胃土不降，不降之由，土溼故也。
因脾溼不升故而瀉痢。
升肝脾，降肺胃，以復氣水循環，以解上述病症。

處方如下

理中湯＋茯苓＋附子＋五味子＋山茱萸

　　也許上述兩個病例，讀起來很是彆扭，但其實就是獸中醫治療的理論基礎，並結合當時的症狀施予藥物。所以，中藥治療理論，跟西醫「一個蘿蔔一個坑」的治療方式是不一樣的，僅在此提供另一種治療方式，多一種選擇就多一個治療機會，可供大家參考。

鼠有時很喜歡吃中藥喔！

腫瘤相關疾病預防、發現及治療

蓋亞野生動物醫院　黃猷翔醫生

　　在臨床上遇到的倉鼠以及大小鼠的腫瘤種類非常多，大致上可以分為良性或是惡性腫瘤，其中包含淋巴腫瘤、生殖系統腫瘤、腎上腺皮質瘤、黑色素瘤、乳腺瘤等等。大多數的腫瘤好發在1歲以上的倉鼠以及大小鼠，隨著年齡增加，腫瘤發生的機率會越高，超過2歲以上的倉鼠，其腫瘤發生機率甚至可以高達50%。

　　腫瘤的預防，不外乎給予較新鮮的食物、儘量避免松木製作的墊材、乾淨通風、舒適以及壓力小的環境。遺憾的是以目前寵物市場的大小鼠以及倉鼠，因有些為實驗室流出的腫瘤研究的品系，以及物種的基因表現，很難完全由飼養上的控管來避免腫瘤疾病的發生。

　　常見的良性腫瘤，在倉鼠大多為一種名為倉鼠多瘤病毒（Hamster polyomavirus, HaPV）所導致。此種良性瘤常見於臉部、眼瞼、四肢、嘴邊、耳朵等部位，通常飼主會發現有類似花椰菜表面的疣狀小突起，大多只會侵犯至表皮，可以由肉眼觀察以及觸診得知。少數倉鼠得病後會因為行動受影響，而造成啃咬的傷口，或是耳道內部發病造成耳炎的狀況。這種病毒經由尿液的傳染性很高，對於環境的抵抗力強，潛伏期可達到4～8個月，目前沒有特效藥物可以防治，只能儘量隔離感染的病鼠，或是追蹤倉鼠家族是否發病而進一步隔離。外科切除目前為治療表皮性疣的主要方式。但研究發現，這種病毒不只造成良性瘤，也可能造成其他惡性的腫瘤的傳播媒介。

　　惡性腫瘤則在倉鼠以及大小鼠都很常見，以淋巴瘤、黑色素瘤、乳腺瘤、生殖器官腫瘤等較普遍。通常惡性的種瘤發生以及進展的速度很快。飼主可以利用日常的觸摸，以及肉眼觀察有無異常出現的團塊。惡性腫瘤在觸摸上，常見下顎、腋下、鼠蹊部、腹腔內部突然出現不對稱

三線鼠皮膚腫瘤
亞馬森特寵專科醫院照片提供

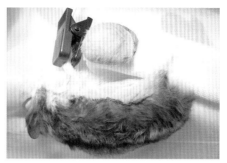
皮膚腫瘤及其取出手術
亞馬森特寵專科醫院照片提供

的團塊，感覺皮下組織或是肌肉組織變成堅實的團塊構造。而肉眼觀察可見常見症狀有，對稱性脫毛、腹部水腫鼓脹、突然消瘦、呼吸急促、突出體腔的團塊、不明原因出現的傷口，有上述的症狀都要合理懷疑，是否有惡性腫瘤出現。

治療方式大多以外科切除以及支持療法為主，也可以使用口服化療藥物。但若是發生開口呼吸、胸水、腹水、消瘦等症狀，通常預後不良。

天竺鼠與大小鼠以及倉鼠因在飲食以及構造上差異較大，所以其發生的腫瘤類型不太一樣。常見有乳腺瘤、脂肪瘤、皮脂腺瘤、毛囊瘤、生殖泌尿系統腫瘤、卵巢囊腫、淋巴瘤、細菌性團塊。發生機率較倉鼠及大小鼠來的低很多。

通常預防方式，因天竺鼠的腫瘤疾病有一部分與沒節育相關，以提供新鮮食物為主，以及於年輕時結紮是最常使用的腫瘤預防方式。與大多數動物不同的是，乳腺瘤在天竺鼠以公鼠發生的機率高於母鼠很多，結紮之後公鼠發生乳腺瘤機率會顯著下降。母鼠較常發現則是卵巢濾泡囊腫，也可以使用結紮的方式預防。

天竺鼠的腫瘤，不論良性惡性，幾乎都可以在家用觸摸的方式或是肉眼觀察發現，於體表或腹腔有不正常突起以及硬塊。檢查的重點大多為乳腺、腋下、鼠蹊、下顎、背側皮膚等部位，是否有不對稱的團塊。若平常飼主能夠練習按壓腹部，可以感受正常器官型態，就有機會發現

不正常的硬塊。而肉眼除了觀察是否有體表有不常鼓起，另外可以觀察是否腹部有對稱性脫毛。因對稱性脫毛，在天竺鼠常見於卵巢濾泡囊腫或一些內分泌腫瘤問題。

　　天竺鼠治療腫瘤問題，大多以外科切除搭配藥物的控制。如果發現團塊是細菌感染導致，可以使用細菌培養以及抗生素治療。若團塊為內分泌型的問題（如：卵巢濾泡囊腫）且動物處於虛弱無法手術、或是飼主要求，除了外科切除以外，可以使用賀爾蒙製劑療法嘗試醫療。

黃金鼠之血管瘤。

侏儸紀野生動物專科醫院　主治獸醫師 陳佑維

　　皮膚疾病是飼主們最常發現的問題，多數因為鼠寶搔癢與脫毛而察覺。

　　那麼日常應該注意哪些徵兆，及早發現呢？

　　大致症狀可分為脫毛、外傷、搔癢、皮屑或皮脂漏（毛油膩感）、色素沉著、皮膚異常（如腫瘤）、皮膚發炎（潮紅）、皮膚增厚等。

　　除症狀外，建議以鼠寶日常生活表現為基準來觀察，比如理毛的順序是否有異或是特定抓了哪邊、走路步態異常，脾氣變差抓起來一直叫。

　　另外就是要常常跟鼠寶們互動，才知道哪邊有異常，尤其是腹部；曾經有飼主很少這麼做，等到發現血跡來就診，原來是腹部的腫瘤大到磨破了。

　　在疾病方面由於種類繁多，不同種鼠間也會有類似的疾病，在此先列出共通疾病，後面再討論個別常見問題與不同處。

 **皮膚疾病**

1. 行為問題：因焦慮或無聊過度理毛，群飼時的支配行為。

　　　　症狀可發現脫毛及行為異常外，毛還是會生長且皮膚正常。

2. 外寄生蟲：跳蚤、蟲、蝨子、疥癬蟲、毛囊蟲等。

　　　　除可肉眼觀察到的外寄生蟲，大部分需要顯微鏡檢查。

　　　　特徵是搔癢、皮屑、脫毛。

疥癬蟲感染。

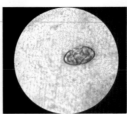

顯微鏡下的蟲卵。

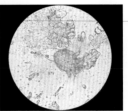

顯微鏡下的疥癬蟲。

3. 黴菌與細菌感染：一般而言和溫溼度有相關性，但主要是免疫力下降引發的感染。

　　症狀黴菌為脫毛、搔癢，嚴重時會發炎甚至繼發細菌感染；細菌則為形成膿腫、分泌物、皮膚潰瘍或是皮膚發炎增厚。

黴菌感染

黴菌感染擴散，影響生活品質。
亞馬森特寵專科醫院照片提供

黴菌感染部位。

4. 外傷問題：打架、傷口，甚至伺機感染形成膿包。

　　即便是從小養一起，仍偶爾會打架造成外傷，在飼養上應該要注意；或是不小心爬到鄰居家找碴也是很常見的。

　　天竺鼠雖然可群居，但如果某成員離開較久，回家後可能會因為氣味與地盤而吵架或被孤立。

5. **環境問題**：不良飼養環境。

多為不適合的設施與墊材引起，屬於綜合性問題，如噪音、震動可引發行為異常、底材造成掌底炎、摩擦造成脫毛。

6. **免疫、內分泌問題**：過敏、自體免疫、內分泌性脫毛等。

過敏造成皮膚問題，需經過詳細評估後下診斷，臨床發現有食物、及其他動物皮屑過敏案例，反而墊材多引起呼吸道問題。

自體免疫性疾病，通常症狀遍及全身皮膚，隨嚴重程度不同，如搔癢、發炎、甚至潰瘍；較為罕見。

內分泌部分，最常見為卵巢囊腫引起的對稱性脫毛，但不會有搔癢等症狀，結紮是最佳的治療。

愛鼠協會救援之病鼠，因飼養環境壓迫導致內分泌異常、免疫失調性脫毛。

7. **營養缺乏問題**：如鋅缺乏引起角化不全，罕見。

個別常見疾病

● 倉鼠

1. **黴菌**：免疫力下降或是鼠鼠習慣不好（如在睡窩上廁所、藏食物），清潔頻率過久。症狀為脫毛、搔癢、皮屑。

2. **毛囊蟲**：免疫力下降引起，症狀與黴菌相似，但搔癢極為嚴重。

3. **皮膚炎**：夏天悶熱時常見，尤其是腋下至前腳；皮膚增厚、紅腫。

臉頰皮膚炎
亞馬森特寵專科醫院照片提供

● 天竺鼠

1. **黴菌**：除幼鼠外，一般是習慣不良引起並且易復發。最常見是躺在便便堆旁，倚靠的區域受到感染。症狀與倉鼠相似。

2. **疥癬**：有兩種狀況。一為在皮膚，形成厚而多量皮屑、搔癢。另一為指甲表面覆蓋白色痂樣組織，隨時間範圍及厚度都會增加，嚴重指頭會變形。

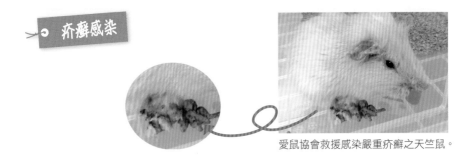

疥癬感染

愛鼠協會救援感染嚴重疥癬之天竺鼠。

3. **蟲子**：多在幼鼠發現，有時耳朵基部周圍可發現一圈白點樣的卵，翻開毛可以看見明顯移動的蟲體。

4. **掌底炎**：不適當的底材、體重較重的小豬們很常有的問題。腳底腫脹、瘀血，造成行走疼痛；由於患部反覆受刺激，較難治癒。

● 大小鼠

1. **理毛行為**：多為支配行為，當群體飼養時可見。不影響健康，分開就可以改善。

2. **外傷**：臨床上就診時多已形成膿腫，飼主發現時多以腫瘤求診；較嚴重時需要外科治療。

3. **環尾症**：因過於乾燥引起（溼度40%以下），尾巴可見一圈圈的紋路，嚴重時會造成血栓與疼痛。改善溼度及尾巴皮膚保溼、給予omega3等脂肪酸。如尾巴壞死，需評估是否截肢。

其他疾病多為偶見，如外寄生蟲、黴菌，症狀與特徵相似；但由於來源多為實驗室領養（寵物店販賣較少），所以有些問題在台灣不常見，因為實驗用大小鼠出生的環境皆為良好的，影響則是後天環境。

治療

皮膚病許多和飼養環境有關，所以注意溫溼度、清潔頻率、均衡的飲食、避免緊迫，可以説是最大的治療。

如為病原引起，以相應的治療藥物即可；免疫性或腫瘤引起皮膚問題，需多方面評估、甚至需要皮膚切片進行診斷，治療方面則需免疫抑制藥物。當然除主要藥物外，也會應症狀輔以其他藥物或是補給品治療。

愛鼠協會救援案件：
環境衛生問題導致脫毛及皮膚發炎。

天竺鼠常見疾病

呼吸道系統疾病預防、發現及治療

亞馬森特寵專科醫院　陳羿方獸醫師

　　呼吸道疾病在天竺鼠是相當常見的疾病，其中的病因也相當多樣化而複雜，除了感染、腫瘤、中毒刺激之外，其他器官系統的疾病也可能呈現出呼吸道症狀（呼吸困難、發紺、呼吸急促、呼吸聲有雜音……等等）。

細菌性呼吸道疾病

　　有許多種細菌都會造成天竺鼠的肺炎，但其中還是以肺炎鏈球菌（Streptococcus pneumoniae）與支氣管膿毒桿菌（Bordetella bronchiseptica）二者最為常見，且為人畜共通疾病。這兩種病原平時就容易伺機在天竺鼠或其他動物如狗、兔、人類帶原者身上，一旦天竺鼠本身遭受環境緊迫導致免疫力低下就可能會發病，或是被其他帶原者傳染。患病後的天竺鼠臨床上可見食慾低下、眼鼻分泌物增加、打噴嚏、呼吸困難、精神萎靡等症狀，即使痊癒後還是極有可能成為帶原者，必須與其他夥伴持續隔離。

　　在診斷上，詳盡的病史紀錄、完整的理學檢查、放射線學檢查都是必要的，甚至需要細菌培養與藥敏測試來做更精確的治療。關於細菌性呼吸道疾病的治療，抗生素是首選藥物，大概需要為期長達7～21天的療程，期間配合支持療法，包含了止痛、氧氣給予、輸液、噴霧治療、與營養補充（尤其是維他命C）。此外，由於天竺鼠是後腸發酵動物，並非所有抗生素都是合宜的，必須謹慎使用。

飼主平日可以從減少飼養環境上的緊迫來著手預防此類疾病的發生率，例如落實合籠前的隔離與觀察、確實補充維他命C、儘量減少飲食環境上的變動。

病毒性呼吸道疾病

目前已證實腺病毒會造成天竺鼠的支氣管性肺炎與死亡，雖然致病率低但死亡率相當高，天竺鼠的緊迫與營養不良被認為是重要的致病原因之一。一般而言潛伏期約5～12天，可能出現呼吸窘迫、呼吸急促、虛弱無力、鼻分泌物多等症狀，也可能有猝死的狀況。針對病毒性呼吸道疾病，支持療法是目前唯一建議的治療方式，平時多留意天竺鼠居住環境的變化，預防緊迫發生才是根本之道。

腫瘤性呼吸道疾病

支氣管乳突狀腺瘤是天竺鼠腫瘤疾病當中最常見的，好發於3歲以上的天竺鼠，因為腫瘤生長速度很慢也不會轉移，所以有時很容易被飼主忽略，但這種腫瘤確實會對患病天竺鼠的呼吸功能造成抑制。配合放射線學檢查或細胞學採樣可以幫助我們診斷這類疾病。

吸入性肺炎

這種疾病好發在人工餵養的幼年小天竺鼠，因為在餵食奶水過程中很常發生不小心灌入氣管的情況，臨床表徵跟感染性肺炎很類似，一樣會有呼吸困難、呼吸急促、食慾低落與呼吸聲明顯等症狀，且因為病患通常都是尚未斷奶的小寶寶，所以預後並不好。

中暑

天竺鼠本來就是生長在南美洲高海拔的生物，所以難以忍受高溫，在亞熱帶地區的台灣很容易因為環境過於溼熱而感到緊迫，而當體溫高達39.5℃以上即是中暑。

中暑是一種很危急且死亡率很高的狀況，常見的臨床症狀有呼吸急促、呼吸窘迫、流口水、癱軟無力，迅速就醫跟正確降溫是唯一的機會。飼主可以先以毛巾浸透涼水擦拭患鼠的毛髮皮膚幫助緩慢降溫，嚴禁用冰水或冰塊急速降溫。

酪梨中毒

酪梨是一種很美味營養的水果，但它的果實、種子、葉子、枝幹都對天竺鼠有毒性，主要的中毒症狀就是呼吸窘迫，此外還有心包囊積水、全身水腫、鬱血等症狀。任何有機會誤食酪梨並伴隨有呼吸道症狀的天竺鼠都應該要懷疑中毒的可能，除了早期發現早期治療之外，食入的分量、個體差異也會影響預後狀況，醫療時會以支持療法為主，給予氧氣、利尿劑來幫助患鼠康復。

天竺鼠是非常纖細膽小的動物，環境中任何劇變都可能導致牠們過度緊迫，以致於免疫力下降，飼養過程中除了給予足夠均衡且多樣化的飲食之外，提供天竺鼠安靜穩定的住處與舒適的溼度溫度都是非常重要的要件，許多呼吸道疾病在天竺鼠都有一定死亡率，所以預防永遠勝於治療。如果真的必須接受醫療，依獸醫師評估進行必要的檢查可以有助於診斷，治療期間提供給氧充足、舒適安定的空間給患鼠，都能有助於病況的穩定。

翁祖永醫師
國立台灣大學學士
美國特殊哺乳動物醫學會（AEMV）會員
中華民國獸醫內科醫學會會員
新北市獸醫臨床醫學會獸醫超音波臨床實操課程結業

在泌尿生殖系統疾病最常見的問題是：「我的天竺鼠出現血尿了！」這時候請別驚慌，第一件要做的事是分辨是否真的血尿？從外觀上分辨，如果出現血絲、血塊或是沉澱物，血尿機會最高；如果是均勻的顏色分布，色素尿的機會反而較大，如果無法分辨，最好的方式是收集新鮮且沒有受到汙染的尿液帶到獸醫院做尿液檢查。

以泌尿系統可能出現如感染、結石、腫瘤或腎臟實質問題，這幾種疾病可能單獨出現，也可能同時存在。因為天竺鼠泌尿生殖道開口很接近，所以細菌感染多來自腸胃道，一旦確認細菌感染就必須投予抗生素治療和進行細菌培養，建議每天檢查泌尿生殖道，若是有糞便沾黏就應該找出原因和清潔，如此就可以減少感染的風險。

結石的原因主要為感染或是飲食不當造成，感染特定的細菌，例如：Staphylococcus, E. coli等，則較易形成結石。而最常見的結石種類是草酸鈣，此類結石沒辦法藉由藥物溶解，若長期只給予飼料、含鈣量高或是草酸含量高的食物都可能提高結石產生的風險。結石可能存在泌尿系統中任一位置，可以藉由X光知道結石的位置並和主治醫師討論後續的手術或是治療。要避免結石問題除了提供適當的食物之外，充足的飲水和乾淨的環境也是不可或缺的。

腫瘤和腎實質問題大多影響的是腎臟本身的功能，這方面的問題通常很難被飼主察覺，大多都是出現食慾不振、活動力下降……等等非特異性的症狀，這時候最需要做的是全面的檢查，如血液學、X光或是超音波確定預後和未來的治療方針。

　　生殖系統的問題最常見出現在母天竺鼠，像是：濾泡囊腫、子宮蓄膿、難產和乳房炎等等，而公天竺鼠的是睪丸感染或是腫瘤，相對來說不常見，最明顯的症狀就是該處的不正常腫大或是發熱，手術切除會是最好的處理方式。

　　母天竺鼠若在12月齡以內沒有懷孕會因為恥骨的融合導致產道變得狹窄，難產的機會就會增大許多，懷孕的母鼠也應該要確定胎兒的數量，避免死胎遺留腹中。

　　濾泡囊腫可以分為有功能性或是無功能性，有功能性的濾泡囊腫會分泌過多的動情素導致脫毛，嚴重者甚至會造成泛血球減少症；無功能性的濾泡囊腫通常是健檢時偶然發現，不管是哪種類型的濾泡囊腫都建議手術移除，避免過大的囊腫和腹腔其他重要的器官沾黏。

　　子宮蓄膿的原因是外陰開口和肛門過於接近故容易被細菌上行感染，飼主能夠察覺的就是外陰部有像牙膏的分泌物，因為感染的細菌會有內毒素的產生，嚴重甚至會導致敗血症或是腎衰竭，因此愈早手術移除愈好。因為構造的關係天竺鼠的乳頭容易和地面磨擦，因此受傷處會被細菌感染上行變成乳房炎，投與正確的抗生素或是切除都是治療的選項。

　　對於泌尿系統的問題，我們可以察覺的是：1. 是否血尿？2. 排尿習慣是否改變？3. 是否有排尿困難？這幾個線索可以幫助我們分辨天竺鼠是否可能存在泌尿道系統的問題。良好的飲食和乾淨的環境是避免泌尿道系統疾病最好的方法，另外，預防生殖系統疾病，早期結紮是最佳的選擇。

康淇動物醫院　吳軍廷醫生

維生素 C 缺乏

　　天竺鼠和靈長類一樣缺乏由葡萄糖生成抗壞血酸（ascorbic acid）所需的L-gulonolactone oxidase酵素，因此無法自行合成維生素C，而維生素C缺乏將造成膠原蛋白生成異常。如此將導致血液由血管內漏出，以及關節、牙齦、小腸出血，另外因牙齒固定也需要膠原蛋白，所以也會造成牙齒鬆動和咬合不正。

　　維生素C缺乏的臨床症狀包括皮毛粗糙、厭食或難以握取食物、下痢、磨牙、因疼痛發出聲音、傷口延遲癒合、腸胃蠕動遲滯、跛行、關節腫脹（尤其是膝關節及肋軟骨結合處，按壓時可能會出現疼痛），年輕天竺鼠較容易出現骨骼肌肉症狀，而年紀大的天竺鼠則較容易出現繼發性的細菌感染或齒科問題，另外此病會使巨噬細胞移行減少因而使細菌感染的機率增加。診斷可藉由病史、臨床症狀、飲食狀況、理學檢查、放射線檢查。

　　成年的非懷孕天竺鼠每日需要5～25mg/kg的維生素C，年輕成長期的天竺鼠需求量更大，只需缺乏維生素C二週就會造成壞血病。治療方面可將維生素C以50～100mg/天肌肉或皮下注射，不過肌肉注射應謹慎處理因本病原本就會造成骨骼肌疼痛，以口服相同劑量似乎也有顯著療效。

　　在恢復之後，應確保於食物中添加足夠劑量的維生素C，每天需要在食物中添加10～25mg/kg維生素C，而懷孕期則需要30mg/kg。使用新鮮（一般商品化飼料已添加維生素C，但降解十分快速，通常於製造後90天內）、高品質的天竺鼠飼料應可提供足夠劑量的維生素C；也可使用維生素C錠劑（50mg/tab）（避免使用人類的綜合維他命製劑，因可

能含有過多的維他命D，恐造成轉移性鈣化）直接餵食或壓碎灑在食物中，也有主張可在每天的飲水中加入維生素C 200～400mg/L，但維生素在光線下並不穩定，可能很快就失效。新鮮蔬果例如甘藍、羽衣甘藍、柑橘可作為維生素C良好的來源。

愛鼠協會救援案件：
缺乏維生素C，無法站立，疼痛哀號之幼天竺鼠。

骨關節炎和骨關節病

臨床上偶有自發性關節炎發生，也可繼發於潰瘍性足底皮膚炎，好發因子包括肥胖、不適當的運動和／或踏墊，治療傾向保守療法：柔軟而乾淨的踏墊、疼痛控制、針對肢體增加運動和／或物理治療以期能增加活動的幅度、預防肥胖。

纖維性骨營養不良

此病在天竺鼠少見，可原發或繼發於高副甲狀腺功能症，另外低鈣磷比的飲食、維生素D缺乏、遺傳、鈣吸收不良或其他鈣離子的代謝混亂都可能成為致病因子。

臨床症狀包括厭食或進食困難、嗜睡、行走困難或不願意移動、或病理性骨折。診斷可根據飲食狀況、理學檢查、放射線檢查、血清學檢查。本病需和維生素C缺乏做鑑別診斷，因為可能會出現類似的臨床症狀。治療著重於藉由食物來矯正鈣磷比，初期治療可以肌肉注射calcium gluconate，後續改以口服calcium glubionate來治療，有些病例可能會需要持續數個月直到狀況改善，補充維生素D並且適當的增加陽光曝

晒。疼痛控制可給予消炎止痛藥。支持療法包括視情況給予灌食和液體補充。預防方式為提供適當平衡的飲食。

轉移性礦物質化

通常發生於一歲以上的天竺鼠，症狀並不明顯，然而臨床症狀可能包括發育不良、肌肉僵直和腎功能不全。病因不明，但也有可能和飲食的不平衡有關，例如鈣磷比不平衡、低鎂低鉀、過量補充維生素D3或礦物質、脫水。放射線檢查可能會出現腎臟、心臟、血管、腦部、胃腸道的礦物質化，一旦病灶顯著出現便不可逆。預防方式為提供適當平衡的飲食。

營養性肌肉萎縮

此病可能與維生素E和硒缺乏有關，臨床症狀包括嗜睡、後肢無力、生殖力下降、結膜炎。血清學檢查可能可以輔助診斷，病情嚴重的動物可能在被發現後一週內死亡。治療為補充維生素E。

骨折

肢體骨折在成年天竺鼠較少見，多發生於飼養在鐵線籠的年幼天竺鼠，因為腳被鐵線夾住所造成的。為了避免緊迫，通常採取保守療法，遠端骨折可嘗試作外固定，近端骨折則限制於籠內，搭配適當踏墊，以待骨骼自行癒合。

腫瘤相關疾病預防、發現及治療

劍橋動物醫院　翁浚岳（伯源）醫師

　　當醫學的技術越進步，可以發現動物的壽命會更加延長，此時腫瘤的發生機率也會相對增加，尤其本來鼠科的動物就是腫瘤的好發品種，這也是為什麼很多腫瘤相關的研究會以鼠科動物作為實驗模式。因此在天竺鼠常見及相關的腫瘤大致上可以按照系統來分類，最常見的腫瘤是皮膚方面的腫瘤、再者就是生殖泌尿道、最後會是消化道或是胸腔的腫瘤。以下各系統進行分類介紹：

皮膚腫瘤

毛囊胞瘤（Trichofolliculomas）

　　這是天竺鼠最常見的腫瘤，好發於雄性的天竺鼠，為良性的皮膚腫瘤。腫瘤好發的位置是在臀部背上和香腺附近。這類型腫瘤呈現的樣態會是外型大顆、帶有惡臭、滲出物或是潰瘍病灶，常常伴隨著二次性的細菌感染或是在傷口上看的到蛆。治療方式非常簡單，只要利用外科手術就可以完整移除，而且不會復發。大部分的病例還是認為是偶發的。

脂肪肉瘤（Liposarcoma）

　　脂肪肉瘤是相對發生率較高的腫瘤，飼主常會在皮下組織發現一顆可以移動且柔軟有彈性的腫塊。這樣的腫瘤雖然不容易致命，但是復發率高，就算進行外科切除，非常有可能在原位置再度長出腫塊。

淋巴瘤（Lymphoma）

　　淋巴瘤應該是天竺鼠最常見的惡性腫瘤，這樣的腫瘤通常是多發性的，會在皮膚和內臟同時發生。假如天竺鼠被診斷為高分化性淋巴瘤，則預後是非常差的。臨床症狀會出現厭食、沉鬱、皮毛雜亂和淋巴結腫

大等，也會出現肝脾腫大、胸腔縱膈團塊等。而且可能出現淋巴球性白血病，這類型腫瘤可以藉由細針穿刺採樣，利用高倍顯微鏡便可診斷。但是治療上十分困難，一般發病後2～5週內會死亡。

纖維乳突瘤（Fibropapillomas）

在天竺鼠的耳道內會常發現這類型的腫瘤，大部分飼主會在與天竺鼠玩或是清潔耳朵時發現。通常是良性的，且有可能會自行消失，這類型腫瘤可能與病毒感染有關。

生殖道泌尿道腫瘤

生殖道方面常見的腫瘤有子宮平滑肌瘤、子宮平滑肌肉瘤、卵巢腺瘤、乳腺纖維腺瘤或是乳腺瘤等。

乳腺瘤（Mammary glands adenocarcinoma）

乳腺瘤在公鼠或母鼠都常見，大約有50%是惡性腫瘤，乳腺腫瘤在天竺鼠不太會轉移。利用細針穿刺的細胞學檢查與乳腺炎進行鑑別診斷，採樣之後的樣本進行染色放置顯微鏡下，辨別是腺體腫瘤細胞或炎症細胞。乳腺瘤的發生與體內賀爾蒙紊亂或病毒感染有關。臨床症狀是單側或雙側的乳腺腫大，可能會伴隨血液或漿液性的分泌物，嚴重的乳腺瘤會出現鈣化硬塊。治療方式就是進行外科手術切除。

卵巢瘤（Ovarian adenocarcinomas）、子宮肌瘤（Uterine leiomyomas）或子宮肌肉瘤（Uterine leiomyosarcomas）

這些腫瘤都是發生在腹腔內，因為會造成腹部膨大或是生殖道出血及腹痛等症狀，飼主容易誤認為懷孕。臨床症狀就是腹部變大、生殖道出血、食慾及活動力下降等。可以利用超音波進行診斷，治療方式進行外科手術切除子宮卵巢。

睪丸癌（testicular tumor）

若公天竺鼠出現單側睪丸變大，不管另一側是否萎縮。就需要懷

疑腫大的那顆睪丸可能會是腫瘤。治療方式就是進行絕育手術將睪丸移除，並進行病理切片檢查。

　　避免發生生殖道腫瘤最佳的方法，就是在動物年輕時進行絕育手術移除睪丸或是子宮卵巢。至於泌尿道腫瘤，天竺鼠是非常少見的，但是仍有文獻報告天竺鼠會發生膀胱移行上皮細胞瘤、腎臟癌、腎臟纖維肉瘤等。

呼吸道腫瘤

肺腺瘤（Pulmonary adenoma）

　　這是胸腔呼吸道常見的腫瘤，而且可以在X光片中發現多發性的腫塊，肉眼下為堅實且大小不一的白色結節。臨床症狀通常不會與呼吸道相關，只會出現精神食慾廢絕，皮毛雜亂等一般臨床症狀，沒有好的治療方案。

消化道腫瘤

　　原發性腸胃道及肝臟腫瘤在天竺鼠是十分罕見，但是常見的是內臟型的淋巴瘤，研究文獻中也指出可能有胃癌或是大腸癌。

　　當天竺鼠身上出現不明腫塊或是精神食慾下降、皮毛雜亂都可能會與腫瘤有關，應該趕緊將天竺鼠帶至醫院諮詢您的獸醫師，進行詳細的檢查，早期發現治癒的機會越高。而不是等到腫塊大到無法處理時再就醫，這樣會錯過治療的黃金時期。

中研動物醫院　侯妎醫生

　　皮膚疾病相對於其他系統性疾病而言，應該是比較容易由外觀發現異常的疾病，但是事實上，因為天竺鼠的平面活動習性，這類疾病反而經常因為病灶位於腹部，或是病灶被毛覆蓋住而被忽略。

　　皮膚疾病有相當多不同的表現及不同的病因，以下就常見皮膚疾病進行介紹：

疥癬蟲症

　　疥癬蟲症是天竺鼠最常見的外寄生蟲疾病。

　　主要的症狀包括劇烈搔癢、皮膚表面產生黃白色的厚實痂皮、發炎發紅脫毛、抓傷後產生細菌或黴菌的感染等，所以疥癬蟲症經常發展成多種病原交錯感染的疾病。

　　治療方式多以注射或外用藥物為主要選擇，通常需要每一到二週回診治療一次，總療程約1.5至2個月，需要注意的是，療程中間不可以間斷，如果治療中斷，則會延長療程甚至產生抗藥性。

　　如何預防萬惡的寄生蟲感染家裡

疥癬蟲感染。
亞馬森特寵專科醫院照片提供

的鼠寶呢？疥癬蟲會經由直接或間接方式傳染，換句話說，可能是鼠寶本身接觸到帶有疥癬蟲的病鼠，也可能是飼主接觸過帶有疥癬蟲的病鼠、籠具、墊料之後，又抱起自己家的鼠寶……。因此，避免鼠寶接觸陌生動物，飼主仔細洗手消毒後再接觸自家鼠寶應是最主要的預防方式，另外，每個月使用外用預防滴劑也是一種選擇。

足掌炎

　　足掌炎是最容易被飼主忽略的一種皮膚疾病。因為天竺鼠絕大部分的時間都維持四腳著地的姿勢，所以腳底的變化不容易被觀察到。

　　輕微的足掌炎可能只是腳掌表面潮紅、輕微破皮，接下來出現腳掌腫脹、傷口潰爛可能深入見骨，嚴重時傷口感染產生蜂窩性組織炎或骨髓炎，也可能影響內臟功能，更可能導致死亡。

　　治療的方式及療程依照嚴重程度有很大的差別。傷口需要頻繁塗藥清理，可能需要手術縫合，加以厚軟蓬鬆的包紮避免持續的刺激；如果有感染狀況，則可能需要配合長期的抗生素治療。

　　足掌炎的起因是不良的飼養環境。天竺鼠嬌嫩的腳掌適合踩踏在柔軟的平坦地面，長期踩踏在不合適的地面則會刺激發炎，例如：細鐵絲底籠、粗糙或堅硬的底材、尖銳的木片等。因此，給予柔軟的毛巾或牧草鋪墊可有效避免刺激，另外，適當的飲食、避免體重過重、勤於清潔都是預防足掌炎的重點。

皮癬菌症

　　皮癬菌症也是所謂黴菌感染，常見於免疫力較弱的鼠寶，特別是剛帶回家的幼鼠或是年紀大的鼠寶。

　　皮癬菌症的典型症狀是圓型脫毛，脫毛邊緣有白色鱗片狀的薄皮屑，皮膚潮紅發炎，也會有搔癢的表現。獸醫師會需要拔毛進行檢查，觀察是否有黴菌的孢子或菌絲的存在，也可能需要進一步黴菌培養，診斷感染的黴菌種類。

皮癬菌症的治療有多種選擇，可分為口服治療、藥用洗劑、外用噴劑等，可以治療各種不同程度的黴菌感染。黴菌感染的療程相當耗費時間，平均需要1至2個月的完整治療時間，若中斷治療可能在1、2週內又復發。

　　預防方式以提升免疫力為主，均衡飲食、乾爽環境、適宜生活空間等，鼠寶們健康快樂的生活是維持身體免疫力的主要方法。對於曾經感染過皮癬菌症的鼠寶們，黴菌復發是最大的夢魘，所以完整的環境消毒是非常重要的。

　　今天討論的三種疾病是天竺鼠最常見的皮膚疾病，但其實還有很多其他的因素可能造成鼠寶脫毛、搔癢、皮膚紅腫等狀況，所以建議經常觸摸檢查鼠寶全身（包括腹部），如果有任何異常，要盡早帶至動物醫院就醫喔！

黴菌感染。
亞馬森特寵專科醫院照片提供

鼠身後事如何處理

　　鼠寶遺體體積較小，但隨意丟棄在路邊、河裡、吊掛在樹上的話，還是違反相關法律。處理鼠寶遺體，建議從以下方法選擇一種。

自行掩埋

1. 挑選不會破壞公共草皮、可以深掘的地點，土坑深掘達30公分以上，回填的泥土要確實壓好，以免貓狗挖掘遺體啃食。基本上還是建議在自家庭院進行。

2. 購買「大」盆栽和土，將鼠埋進盆栽，覆蓋的土同樣也要確實壓好。太小或是尺寸剛好的盆栽會因為土量不足而使遺體氣味散出。可以跟遺體一起埋進植物種子，將來會開出可愛的花朵。埋有遺體的盆栽建議放置在陽台或庭院，以免遺體氣味累積在室內。

鼠長眠於陽台的盆栽中。

3. 掩埋若直接將遺體放進土裡（沒有任何包覆），遺體氣味較易散出。貓狗容易察覺破壞，放在盆栽也可能比較有味道。但未包覆的遺體分解速度較快，埋在土中可以全部回歸自然。是否包覆遺體取決個人情況與考量。

 ## 火化

1. 私立寵物安樂園：私人的寵物身後事處理公司，費用較高，分為集體和個別火化，有些統一價格，有些按體重計價，但也有最低收費。集體火化無法取回個別骨灰，骨灰通常由安樂園方統一掩埋在園內。個別火化可以取回骨灰自行掩埋處理，或是交給安樂園方掩埋，甚至是購買骨灰罈位供奉。詳細情形請查詢寵物安樂園後致電詢問。

2. 公立機構：各個行政區所屬的動物收容所有集體火化服務，無法取回骨灰，骨灰處理方式未知。可能酌收200元左右費用，有些限定該行政區居民甚至限制必須是有施打晶片的寵物。請查詢離你最近的動物防疫所、收容中心、衛生檢驗所等機構，並致電詢問。

3. 可交給信任的動物醫院，請動物醫院代為送交火化。動物醫院大多與私立寵物安樂園合作，收費方式大致相同。火化場的位置通常地處偏遠，若送交動物醫院，火化場工作人員會直接取走遺體。（若為個別火化，可跟火化場約時間前往觀禮）

鼠留下的那一切

　　鼠類小動物平均壽命較其他寵物短上許多，許多人第一次面臨喪失愛鼠的痛苦時，心裡常是錯愕、不願接受。鼠類體型小、壽命短，好像一朵浮雲，除了那突如其來的悲傷以外，似乎無法在人類的生命中留下什麼……。

　　鼠的生命歷程雖短，卻非常完整，牠們每天認真生活，總是活力充沛，用力期待著主人。牠們不覺得自己缺少什麼，從來不知道何謂光陰飛逝，牠們開心地吃、開心地跑、開心地期待每天和主人玩的放風時間。一直到身體漸漸衰弱，牠們仍倔強地努力求生到最後。最後的最後，牠們也曉得向主人好好道別。

　　有時候兒童可能比我們更能珍惜、仔細體會當下，許多孩子在第一次面臨喪失所愛時，第一時間是痛哭流涕。而在他們第一次學習克服巨大的悲痛後，緊接著便學習到珍惜、關懷，甚至是付出。這正是鼠類小動物，乃至於所有動物所帶給我們的生命教育。

　　鼠體型雖小，牠們的喜怒哀樂、生老病死，與我們是一模一樣。實際上，並不是牠們沒有留下什麼，而是我們有沒有發現……那些渺小的、純粹的愛。

Chapter 8
愛鼠知識大解密

Q₁ 可以把不同種的鼠寶飼養在同一個籠子嗎？

A 千萬不可以喔！不同種的鼠寶（三線鼠、一線鼠、老公公鼠、黃金鼠、大小鼠）為了保護自己，一見面就有可能發動致命攻擊。

Q₂ 可以和其他動物一起飼養嗎？

A 不建議。倉鼠、大小鼠雖然較不會攻擊其他哺乳動物，但是常被其他較大型的哺乳動物踩傷、咬傷，或者鼠會拉扯兔子、天竺鼠的毛髮，造成雙方不愉快起爭執。天敵類像是貓、狗、蛇、大型鳥，對鼠來說危險性非常高，只要飼主一個疏忽，鼠很可能就成為天敵爪下亡魂。

天竺鼠和兔子習性較近，有些人認為可以飼養在一起。實際上醫師較不建議，因為兔子身上常帶原一種細菌，對兔子本身無害，對於天竺鼠則可能引起嚴重的呼吸道問題。此外，天竺鼠跟兔子並非同類，牠們其實無法溝通，且兔子體型較大，可能起衝突後傷害到天竺鼠。

鼠的天敵應與鼠隔離在不同空間／房間，貓接近鼠籠是非常危險的喔！

Q3 只養一隻會不會很寂寞？

A 要看是什麼鼠喔！全世界獸醫師及動物專家均認為，黃金鼠不應飼養兩隻以上在一籠。在歐洲某些國家，飼養兩隻以上黃金鼠於同籠是違法的。黃金鼠地盤意識強，為獨居動物，在野外只有交配期公母短暫同住，交配期結束後，母鼠會驅離公鼠。

三線鼠在人為飼養環境下，和平相處的機率低，在大量案例及研究下，獸醫強烈建議應「一籠一鼠」飼養。

一線鼠、老公公鼠在人為飼養環境下，和平相處的機率較野外低。在個性不合的情況下又無法驅離對方，集體鬥毆弱勢的機率高，導致鬥爭致死率高。在大量案例及研究下，我們建議應「一籠一鼠」飼養。

天竺鼠、大小鼠，如果只有一隻獨居，牠們會感到寂寞甚至憂鬱。通常建議飼養兩隻以上，但牠們也可能發生個性不合、打架爭鬥的情況，飼主必須做好合籠失敗，必須分籠飼養的準備。天竺鼠、大小鼠如果沒辦法飼養兩隻以上，請務必時常陪伴牠們喔！

黃金鼠合籠造成弱勢方身上多處重傷，所幸及時分籠救治。

兩隻鼠合籠後繁殖失控，鼠在短時間內達到上百隻。

Q4 我的黃金鼠、三線鼠養在一起很久，還會睡在一起，感情很好，要分開嗎？

A 哺乳動物時常有「依偎有溫度的毛絨物體」的習性，是源自於幼時依偎在母親身邊的天性。依偎毛茸茸有體溫的同類，不一定代表牠們「感情好」，鼠類動物之間有許多霸凌實際上是在相互踩踏、擠壓的過程中進行。黃金鼠

合籠飼養的倉鼠生殖器、背部、臉部常常被咬得面目全非。

無論如何請立刻分籠飼養，其他鼠若發現有打架到吱吱大叫，身上出現傷口，請立即分開飼養喔！

Q5 性別上的飼養差異？

A 每一隻鼠都有自己獨特的個性，性格上通常難以性別做區分。公鼠通常行為較獨立，與同性鬥爭意識較重，面對異性會十分激動，體味較重。母鼠可能有發情及生殖系統病變問題。天竺鼠在公母鼠方面則都有乳線瘤問題。

Q6 鼠寶的醫療費？

A 有許多鼠終其一生健康活潑，老年也沒有進行高額醫療，完成自然的生命歷程。也有一些鼠體質較差，零零總總的醫藥費加起來為數不少。

一般鼠專科醫院通常包含掛號費、診療費、醫藥費，初診含開藥通常是500元以下。普通小病痛在一到二次診療後，通常就可以大幅改善。詳細費率可參考獸醫師公會公開資訊：「台北市獸醫師公會開業會員（獸醫診療機構）診療費用標準」。

許多人可能認為，一隻鼠本身的售價也才百元，為何要花費數百、數千元治療牠們？實際上，醫療原本就不是「維修」

物品的概念，我們的目的是：降低動物的痛苦，而非保持玩具的正常運作。況且，飼養小動物原本就是為了疼惜牠們，最省錢的方法則是不要飼養寵物。

Q7 可以幫鼠寶洗澡嗎？

A 小倉鼠、黃金鼠、小鼠，平時請勿水洗，如有必要，請在醫師指示下進行必要之藥浴或水洗。天竺鼠、大鼠可在必要時進行水洗，詳情請參考「P68定期衛生護理」。

Q8 鼠寶不太喝水怎麼辦？

A 可以提供充足蔬菜水果、蔬菜汁，提升鼠寶攝取水量。

Q9 我想要挑戰讓鼠寶繁殖，該怎麼做？

A 大小鼠、倉鼠性成熟日齡早，35～40天以上母鼠可受孕。母天竺鼠最早可在4週齡時懷孕，過早懷孕對母鼠發育會造成阻礙，建議母鼠3～4個月以上才進行第一次交配。母天竺鼠若需要繁殖配種，應於7個月齡前繁殖，以降低難產機率。天竺鼠有較高機率難產，請向鼠專科醫生報到產檢。

試圖使原本不同籠之公母鼠交配時，請先讓兩鼠隔籠認識24小時以上，並於母鼠發情時選擇在中立區域或是公鼠籠內使兩鼠相遇。

鼠一胎有很多隻，幼鼠在短時間內也會具備繁殖能力。

Q10 小鼠、倉鼠逃家了！怎麼辦？

注意

鼠一胎平均6隻，多則12～18隻，天竺鼠一胎1～3隻，母鼠可連續懷胎且幼鼠性成熟早，繁殖基數快速增長。

任何鼠類公母相遇時，可能無法和平，進而發生鬥毆意外。

A 當發現小型鼠、倉鼠的籠子是空的，請立刻按照以下步驟行動：

1. 脫掉拖鞋、襪子，捲起褲管，找到鼠以前都要保持打光腳的狀態。

2. 立刻把「通往室外的門縫」、「水管口」、「窗戶縫」堵起來！（善用放重物的紙箱、用巧拼塞、木條、磚塊、字典、厚書本、裝滿水的大寶特瓶等等） 如果有陽台、窗台、連接室外的走廊等等連外空間，請先將這些連外空間地毯式搜查，然後將這些連外空間與室內封鎖隔開。地毯式搜查不是只找地面，而是徹徹底底、上上下下全部都要找喔！

3. 把地上的電線、老鼠藥、蟑螂藥、化學物品、盆栽等等收妥。

　　如果急著出門上班、上課，最起碼要做到以上三點，並且設置「捕鼠籠」、「食物誘捕陷阱」在各個鼠寶可能走失的房間。

PS.
食物誘捕陷阱可以使用在五金行買到的「捕鼠籠」。

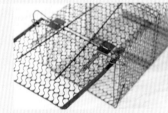
誘捕籠。

如何找到鼠？

1. 請注意，找鼠的黃金時間是48小時以內。鼠會挖洞、破壞，時間拖越久，鼠越有可能找到小細縫鑽出室外、咬到沒收好的電線或化學物品致死。不建議只用食物陷阱誘捕法，請盡快主動地毯式搜索找出鼠寶。

2. 請小心別壓到、踩到鼠寶。移動任何東西，包含移動腳步都要千萬小心。搬移東西的任何動作都要在視線之內。

3. 鼠寶如果已經養一陣子，可以利用飼料袋子、罐子的聲音，利用餵食時的呼喚，很多鼠寶會自己跑出來。

4. 鼠習性是延著牆邊走，越窄的縫鼠越愛，越是隱密、看起來

難以到達的地方，鼠更愛鑽進去。很多家具表面上看起來只有一點細縫，實際上鼠鑽進去以後空間很大，鼠常在家具裡面找到一個舒適的角落睡著了。

5. 鼠可以利用窄縫通往非常高的櫃子，鼠腳張開的寬度所到之處都上得去。

6. 請善用手電筒，鼠寶天生善於躲藏在窄小陰暗處，手電筒可以讓你不用反覆尋找同一個區塊而仍有失誤。

7. 趴在地上可以讓你更接近鼠寶的視角，趴在地上使用手電筒，往往事半功倍。

8. 鼠寶聽到你尋找牠的聲音，通常會動來動去發出細微聲響，找鼠時請讓室內靜音，一邊用耳朵專心聽。

9. 規畫好地毯式搜查的區塊，從最有可能的房間開始尋找，有耐心地分區尋找。

最常見的鼠寶躲藏聖地：

1. 床、衣櫃、沙發等厚重家具底下、縫裡。（不要大動作搬動，一點一點拉開，用手電筒照，確定鼠的位置。）

2. 書櫃、雜物堆、紙箱裡面。（所有收納箱的東西一樣一樣小心拿出）

3. 洗衣籃裡面。

4. 電器裡面。（冰箱、洗衣機的引擎室）

5. 電線密集的地方。（很多鼠寶認為電線是舒適的材料）

6. 垃圾桶裡面。（鼠寶被垃圾桶的「香味」吸引）

確定鼠寶的位置，又抓不到鼠，該怎麼辦？

有時候鼠寶躲在巨大的家具底下，搬動家具怕壓傷鼠寶，又怕鼠寶趁亂跑去別的地方，甚至根本搬不動家具怎麼辦？

1. 溫情呼喊＋飼料的聲音。
2. 將非常香的食物擺在面前。用剛蒸熟還熱騰騰的芋頭、南瓜等，氣味香濃、鼠難以抗拒的食物誘捕。
3. 將所在房間門縫確實堵好，放置誘捕陷阱。
4. 如果無法等待必須離開，除了陷阱以外請放置水瓶讓鼠有水可喝。

Point 找回鼠寶後，工作還沒結束！

> 觀察鼠寶精神食慾是否有異常，鼠逃家時可能摔傷、誤食，如有異狀應盡速送醫。並改善鼠居所的安全，防範鼠寶下一次逃家。把鼠所在房間布置為安全的場地，讓鼠逃家也不至於受傷、逃出室外。

Q11 鼠寶有傳染病嗎？

A 寵物鼠通常一出生便在飼養環境，沒有機會接觸野家鼠及其病菌，只要沒有接觸過野家鼠的齧齒類小動物，原則上不會帶原傳染病菌。相反地，如果家中有很多野家鼠，或者時常帶鼠外出甚至讓牠們在野地奔跑，牠們是有可能被傳染病菌的喔！主人們每天接觸鼠寶前後均應洗手喔！

Q12 發現了野家鼠或是野家鼠的寶寶，該怎麼辦？

A 發現具有獨立生存能力的成年野家鼠時，我們並不建議將其帶回家飼養。首先，野家鼠的飼養並不容易，許多野家鼠無法被馴服，牠們可能因為害怕而攻擊人、逃家。野家鼠生存能力強，牠們更希望在野外生活而非被人類圈養。再者，野家鼠具有帶原病菌的可能性，為避免發生致病風險，請大家減少與野家鼠的接觸，家中鼠寶也請絕對與野家鼠隔離。

發現野家鼠寶寶時，第一時間請「不理會」，更不要用手觸碰，安靜地將鼠寶寶留在原地不打擾。鼠媽媽可能只是出去覓食或搬家，鼠的母性很強，通常會回來將寶寶帶至安全的地方。

也有許多案例是善心人將受傷未斷奶的野家鼠寶寶親手養大，野家鼠寶寶長大後也會成為乖巧聰明的寵物。如：在網路社團爆紅的鼓風機三兄弟，飼主將三隻野家鼠寶寶養大，且帶至醫院檢查確認無感染原。照顧未斷奶鼠寶寶的方法請參考下一段。

未斷奶的乳鼠怎麼照顧？

A乳鼠一旦帶出由主人自行哺育，請勿拿回去給母鼠，以免乳鼠遭到攻擊。乳鼠人工飼育死亡率較高，請謹慎且具心理準備。

【乳鼠的食物】粉與溫水1：1混合

1. 小動物專用代奶（寵物店及網路賣場）。
2. 艾茉芮營養粉-雜食（鼠專科醫院）。

PS.
初生乳鼠（0～12天）育成率低，使用艾茉芮、小動物代奶可提升存活率。

【餵奶用具】（按照鼠吸食能力轉換用具尺寸）

最小號餵奶用具：可用最小號毛筆（書局、美術用品店）、化妝棉剪裁成幼鼠可以吸食之適當尺寸。或是最小號針筒、眼藥水罐。

PS.
請選用適當尺寸，以免造成乳鼠嗆傷引發肺炎致死。

【養育方式】

第1～7天（高度危險期）

幼鼠一開始因為太小，請使用毛筆餵。此時一次能喝的量

很少，最初是1小時就餵一次，包括半夜也要起來，隨時觀察狀況。如果不能1小時餵，至少也要2小時餵一次。

鼠如果有吃進去，會看到肚子裡面白白的，肚子鼓鼓的，此時皮膚半透明，可以看到內臟。肚子鼓鼓的是好事情，表示鼠胃口好，吃得多才長得快。

在鼠寶斷奶前的共同原則，請將鼠飼育箱溫度保持在28℃左右，給予充足軟質墊料。泡奶請使用溫水，每次吃完奶都要用棉花棒為寶寶們清理身體，並且輕輕地由上往下擦寶寶的排泄器官，幫助牠們排便排尿。若有腹瀉請火速諮詢鼠專科醫生，並收集糞便帶給鼠專科醫生糞檢。

乳鼠環境布置範例，需要保暖在 28℃。

乳鼠腹部白白的，可看見胃裡充滿奶水。

第8～12天

鼠稍大較會自己喝，一次可以喝多一點之後，轉為1.5小時到2個小時餵一次，半夜仍要起來餵食。

第12～15天：2小時固定餵一次，半夜依舊不能避免。

第16～20天：每3小時餵食一次。

20天到斷奶（約30天）

牠們已經可以吃硬的食物了，對奶的興趣也沒有之前那麼高，一天餵3次或4次。此時可以提供正常成鼠食物，但仍需餵奶，比照幼鼠照護方式。

人類奶媽經驗分享

1. 如果幼鼠亂動很難抓，餵食器總是對不準，導致不能確定鼠到底喝了多少的話，有一個小方法，請用一張廚房紙巾紙對折後，輕輕的將幼鼠捲在裡面只露出頭跟嘴，紙下方轉緊；一方面固定牠的小手小腳，一方面防止奶水滴在牠身上讓牠受涼，然後建議在床上或是離地面較低的地方餵，避免牠過度激動摔下。餵食的時候請準備乾淨的棉花棒，隨時注意奶有沒有沾到牠的鼻子，有的話就用棉花棒幫牠吸。如果沒有，餵完也務必用乾淨的棉花棒沾小量微熱的水，清理一些奶漬，避免牠事後髒髒亂舔。擦完之後如果溼溼的請等牠乾了之後再放回籠子。（我是直接開小型暖器用低熱風幫牠吹乾）

2. 除了進食外也要關心鼠有沒有便便，最好是每次餵完就幫牠刺激一次排泄器官，就算鼠已經開始會自己排泄了，也是由你幫牠擦掉比較好，因為牠們有時清理身體會吃自己便便，如果是正常的便便還好，如果是水便，這樣很容易惡性循環。

3. 鼠開始有拉肚狀況的話，首先把便便收集起來先去醫生那檢查糞便，請醫生開藥，但醫生多半會用最保守的方式告訴你要做好心理準備。做好心理準備是對的，可是千萬不要被嚇倒了，當初我也是每天擔心的邊哭邊餵，但該做的事情得繼續做，不要放棄。
再來請務必要檢查你用具與餵食過程是否有保持衛生。用具請一定要消毒好，餵之前手也洗乾淨，因為牠們會舔。整個籠子請每天清理消毒，不要讓鼠有跟自己水便相處的機會。

4. 若以上都做了很多還是沒有改善，那可能就真的是鼠天生基因較差，體質弱，內臟功能差，不過一樣不要放棄，請靜待牠們證明自己的生命力給你看。就像人類世界也會給予早產兒或是一些體質較差的幼兒特殊照護，請以那為目標，盡力給鼠好的照顧跟環境，牠們本身求生意志是很強的，主人不放棄，牠們就不會放棄。

鼠界特輯：鼓風機三胞胎

作者　黃佩瑜

　　某天早上，我一開車門就看到鼓鼓（受傷的那隻）掉落在車內的腳踏墊，有一根草支刺過她小小的身體。我先把她放進小盒子保溫，心裡猜想如果是鼠媽把孩子生在車子裡，那一定不會只有一隻，所以把車子開去保養廠檢查，果然又找到另外兩隻（小風和小機），接著就帶鼓鼓去醫院，醫師一看到這個野家鼠小朋友，也很坦白地告訴我：無毛野乳鼠人工飼養的存活率不高，尤其又是受傷的乳鼠。我說：沒有關係，我願意試試，至少不要一開始就放棄，因為不忍心看小生命就這麼死去，所以就盡力試看看，讓她們三個有張開眼睛看世界的機會吧！

　　醫師想辦法把鼓鼓身上那根草支取下來，看到她小小的身子上有著兩個大大的洞，心裡真的覺得好不捨，醫師說這麼小也沒辦法開藥吃，只能每天擦優碘，接下來就看小朋友的造化了。當天回家開始了我的奶鼠人生，一開始也是看愛鼠協會的乳鼠照顧方式，真的很謝謝愛鼠協會，有那麼好的資料可以參考。兩天後帶鼓鼓去回診，順便帶小風和小機一起去檢查，很意外的她們三個雖然是野家鼠，糞便中卻沒有寄生蟲。我也問了醫師有關於野家鼠傳染病之類的問題，醫師說基本上剛出生的乳鼠都還很乾淨，比較不會有奇奇怪怪的疾病。

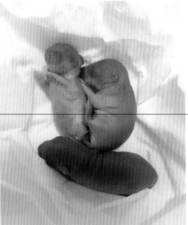

其實野生乳鼠的照顧真的很不容易，當初我真的每天24小時都把三胞胎帶在身邊，1～2個小時就餵一次，連晚上也不例外。那時是冬天，保溫也很重要，當時雖然很累，可是看著鼓鼓的傷口一天比一天好，看著她們也一天一天長大，慢慢的開眼，開始學走路時那歪歪斜斜的樣子，和剛學會自己吃東西的可愛模樣，這種感動是無法用言語形容的。

三胞胎非常認人，除了我以外，她們不接近其他人，所以在照顧上要花很多時間。當初身邊很多朋友都覺得無法理解，為什麼要養「這種老鼠」，都說她們身上很臭有傳染病寄生蟲，說她們很兇會咬人，說她們本來就該撲殺。剛開始我都不想一一解釋，現在我都會說：三胞胎雖然是野家鼠，卻非常愛乾淨，身上一點味道也沒有；雖然是野家鼠，一樣很愛玩玩具及跑滾輪；雖然是野家鼠，但那眼神就像是孩子一樣單純可愛；雖然是野家鼠，她們也有活下去的權利，而不應該人人喊打。

最後我希望告訴大家，在外面看到小鼠，有時只是媽媽去找東西吃而已，如果是沒毛的乳鼠，除非是在危險的狀況下，不然請不要輕意帶走，因為人工飼養存活率真的很低，就算幸運奶大，也不一定跟三胞胎一樣親人。這篇文章想告訴大家的是，野家鼠不是想像中那麼可怕骯髒，希望大家對除了寵物鼠以外的鼠類多點認識及包容，但不希望大家有飼養野家鼠的衝動哦！

Q14 我感冒會傳染給鼠嗎？

A 雖然目前還沒有臨床案例，專家們並不排除人類的病毒及病菌不會傳染給鼠，不同種動物長期相處，不排除病毒、病菌可能發生突變，從原本不會相互傳染的情況變為可能相互傳染。主人們每天接觸鼠寶前後均應洗手喔！

Q15 懷孕了還適合養鼠嗎？

A 依據許多寵物相關研究，從小飼養寵物的人類免疫力可能提升。然而，幼兒免疫力發育未完全，對寵物鼠可能較容易產生過敏，但是通常只要避免直接接觸即可，原則上鼠類動物對人類幼兒及孕婦的風險偏低。

Q16 鼠一直咬籠子怎麼辦？

A 許多飼主最頭痛的事情是，一到晚上要睡覺時，鼠就開始狂咬籠子。到底該怎麼辦呢？首先要了解鼠咬籠子的原因，鼠咬籠子是為了自由，為了引起飼主注意放牠出來。如果總是在鼠咬籠子時關注牠，鼠會學習到咬籠子可以獲得飼主關注或玩樂的機會。因此恰當的解決方式有兩步驟：

1. 每天定時陪鼠玩，定時在遊戲間放風讓鼠探險。
2. 放風時間以外，鼠咬籠子則不理會，使鼠習慣在放風時間之後就必須去跑滾輪，咬籠子也沒有用。
3. 擴大鼠的籠子，鋪設厚墊材、布置豐富家具，創造和是有趣的飼養環境。

PS.
也有鼠純粹是因為討厭某個家具，或是想發洩情緒而啃咬，
這種情況也可以透過定時放風轉移鼠的生活重心。

破解對葵花子的迷思

A鼠飼料裡常添加葵花子，卻有許多人認為葵花子就像鼠鼠的雞排，吃太多會引起腫瘤、糖尿病等。這邊要把這個偽科普正式地破解一下。

首先，葵花子引起鼠腫瘤、糖尿病，是沒有研究與論文根據的。葵花子所含的脂肪，90%都是不飽和脂肪酸，眾所皆知，這種脂肪酸對身體較好。葵花子當然還含有其他營養素，它跟其他食材一樣充滿營養，但脂肪含量高，熱量頗高。

將葵花子比喻為雞排為什麼不恰當？

雞排的害處在於高溫油炸後，營養會被破壞，且產生豐富的「毒素」、致癌物等，以及炸物使用的反式脂肪危害極大。除非我們把葵花子拿去高溫油炸，否則應該沒有一種可食的天然食材，會產生像高溫油炸這樣猛烈的毒性。

那麼，為什麼葵花子會成為眾矢之的？

許多廉價飼料內有一半以上都是葵花子，甚至販售整罐的葵花子。早期有許多鼠生病、營養不良，是因為飼主只給倉鼠吃葵花子，醫生們才會語重心長地提醒飼主「葵花子不能作為主食」。久而久之，就演變為「葵花子有各種害處」的誤解。

對雜食動物而言，原本就不應使用單一食材當主食。不能只單吃蕎麥、蘋果、肉，當然也不能只吃葵花子。如果這些食材變成超過一半以上的攝取食材時，小動物都是會生病的。

提醒大家，鼠跟人一樣，需要各種蔬菜水果、五穀雜糧、少許的動物性蛋白質。堅果類（包含葵花子）對齧齒類小動物來說非常好吃、營養，但是因為熱量很高，不宜給予太多，以免因肥胖引起各種疾病、減短壽命喔！

認識社團法人台灣愛鼠協會

愛鼠協會宗旨

　　社團法人台灣愛鼠協會，是台灣第一個以鼠類動物為關懷對象的動物保護團體。協會集結眾人力量，進行組織救援、宣導、教育，以持續改善鼠類動物處境為目標。愛鼠協會以動物保護為本，以寵物鼠人道救援及寵物鼠相關知識宣導為宗旨。有鑒於人類大量利用鼠類動物進行實驗、娛樂，卻未曾對遭受剝削的小生命有合理安置。愛鼠協會致力於最前線的動物救援安置，乃至深入問題核心的教育宣導，同時展望動物保護、動物福利相關法令研討。愛鼠協會依靠眾人支持，成就平等關懷，許他一生幸福無礙的志業。

救援行動

　　愛鼠協會每天都會接獲台灣各地的鼠類動物救援通報，舉凡遭到棄養的寵物鼠、生病受傷無法就醫的寵物鼠、遭到虐待或不當飼養的各種鼠類動物案件。經過協會人員每一個案仔細溝通、輔導後，許多飼主改以正確方式對待寵物鼠，更多案件是必須採取救援行動將鼠帶出。

愛鼠協會救援案：民眾將鼠養在戶外大量繁殖，高溫與暴雨造成大量死亡，有如煉獄。

愛鼠協會救援案：民眾買回兩隻倉鼠，最後卻演變至無法收拾，向愛鼠協會求援。

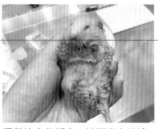

愛鼠協會救援案：被丟棄在路邊虛弱重病之鼠。

愛鼠協會救援案：許多鼠類
小動物被當成垃圾般對待。

愛鼠協會救援案：鼠媽媽在
垃圾桶哺育幼鼠。

安置與照護

　　愛鼠協會收容中心安置各種鼠類動物，常見包含：大小鼠、三線鼠、黃金鼠及其他倉鼠、睡鼠、天竺鼠等等。愛鼠志工們每日悉心照料，小動物們的需要不會因為國定假日而停歇，志工們不分晝夜，每天輪班仔細照顧整個收容中心數百隻鼠類動物的身心健康。

治療後　　治療前

愛鼠協會照料人員，悉心治療後，鼠恢復健康。

愛鼠協會收容中心，每月安置數
百隻小動物。

送養與宣導活動

　　愛鼠協會提供健全的送養機制，並積極辦理宣導、生命教育活動，推廣正確認識齧齒類小動物及其飼養、對待方式。一般民眾可以在線上開始認養程序，每年愛鼠協會參加各大寵物展，並舉辦各種營隊、活動，以期促進愛護動物、關懷弱勢之社會風氣。

愛鼠志工致力於宣導正確飼養鼠類動物知識。

參與公眾接觸、宣導活動。

受邀舉辦生命教育講座活動。

每年舉辦義診活動。

愛鼠協會救援鼠回到了幸福安穩的家！感謝這場愛的接力賽，有你們一路相伴！

官方網站　　粉絲專頁　　官方LINE

社團法人台灣愛鼠協會

致謝

愛鼠飼育大百科的撰寫，是由愛鼠協會志工們所累積，長期以來飼養、救援、醫療照護，走過四千個案經驗，以及長期統整相關資料彙集而成。

「愛鼠飼育大百科」得以完整出版實際上還仰賴眾多協助：

特別感謝沐沐動物醫院高如栢醫生，總是耐心提供完整的學理解說，特別感謝獴獴加動物醫院林芝安醫生的細心協助。感謝聖地牙哥動物醫院李安琪醫生、明佳動物醫院鄭宇光醫生、蓋亞野生動物醫院黃猷翔醫生、侏儸紀野生動物專科醫院主治獸醫師陳佑維、中研動物醫院侯彣醫生、亞馬森特寵專科醫院陳羿方獸醫師、翁祖永醫師、康淇動物醫院吳軍廷醫生、劍橋動物醫院翁浚岳（伯源）醫師協助撰寫相關章節。

感謝JoyceYou提供料理章節及照片、感謝吳珮渝提供降溫室製作章節及照片。特別感謝楊尚婕為本書製作插畫。特別感謝攝影師金魚，提供天竺鼠專業攝影照片。感謝Verona提供天竺鼠相關重要照片。感謝鼠寶發電廠、陳玳苡，提供相關重要照片。感謝「鼠寶向前衝」臉書社團，眾多長期支持愛鼠協會社員，這次也大力提供了支持，讓本書教學照片得以豐富呈現。

最後，由衷感謝愛鼠協會志工們，容倩、依靜、珮渝、逸茵、貓貓的無私付出，在繁忙業務下仍全力支持本書的撰寫。

附錄1　人鼠年齡對照表

大小鼠、倉鼠類和人類年齡對照表

1個月鼠=10歲人類	1歲6個月鼠=48歲人類
2個月鼠=15歲人類	2歲鼠=64歲人類
3個月鼠=18歲人類	2歲6個月鼠=76歲人類
4個月鼠=20歲人類	3歲鼠=88歲人類
5個月鼠=22歲人類	3歲6個月鼠=95歲人類
6個月鼠=24歲人類	4歲鼠=100歲人類
1歲鼠=36歲人類	

天竺鼠和人類年齡對照表

3個月齡天=12歲人類	5歲天=60歲人類
6個月齡天=20歲人類	6歲天=68歲人類
1歲天=28歲人類	7歲天=76歲人類
2歲天=36歲人類	8歲天=84歲人類
3歲天=44歲人類	9歲天=92歲人類
4歲天=52歲人類	10歲天=100歲人類

附錄2 鼠科醫院資訊

就醫原則：請先去電預約、詢問鼠醫生

台北市

【中山】沐沐動物醫院　　　　【士林】芝山動物醫院
【內湖】亞馬森特寵專科醫院　【大同】不萊梅特殊寵物專科醫院
【中山】諾亞動物醫院　　　　【大安】台大動物醫院
【中正】古亭動物醫院　　　　【大安】安庭動物醫院
【大安】台灣大學附設動物醫院【南港】中研動物醫院
【大安】聖地牙哥動物醫院　　【信義】永春動物醫院
【士林】劍橋動物醫院　　　　【中山】伊甸動物醫院

新北地區

【新店】剛果非犬貓動物醫院　【板橋】板新動物醫院
【三重】獴獴加動物醫院　　　【板橋】佳安動物醫院
【板橋】馬達加斯加動物醫院　【板橋】寧恩動物醫院
【新莊】快樂動物醫院　　　　【汐止】嘉德動物醫院
【新莊】聖安動物醫院　　　　【中和】明佳動物醫院
【新莊】新莊太僕動物醫院

桃園地區

【中壢】康淇動物醫院　　　　欣欣動物醫院
【中壢】呈品動物醫院　　　　高生動物醫院
普羅動物醫院　　　　　　　　廣喬動物醫院
安辛動物醫院

新竹地區

全美動物醫院 - 忠孝分院　　　新竺動物醫院

全育動物醫院　　　　　　　　安定動物醫院

紐約動物醫院　　　　　　　　光華動物醫院

艾諾動物醫院

苗栗地區

波比寵物專科醫院　　　　　　萊恩動物醫院

台中地區

國立中興大學獸醫學院　　　　亞東綜合動物醫院

達爾文動物醫院　　　　　　　鑫鑫動物醫院

侏儸紀野生動物專科醫院　　　中泰動物醫院

全國動物醫院 - 中科分院　　　關心動物醫院

全國動物醫院-豐原分院　　　　春天動物醫院

彰化地區

築愛動物醫院　　　　　　　　毛絲鼠動物醫院

嘉義地區

嘉義上哲動物醫院　　　　　　嘉樂動物醫院

齊恩動物醫院

台南地區

廣慈動物醫院　　　　　　　　人愛動物醫院

立安動物醫院　　　　　　　　陽光動物醫院

啄木鳥動物醫院　　　　　　　中美獸醫

慈愛動物醫院 - 金華院　　　　全國動物醫院 - 永康分院

慈愛動物醫院 - 中華院　　　　強生動物醫院

大灣動物醫院　　　　　　　　諾亞動物醫院

高雄地區

毛毛動物醫院

窩窩兔動物醫院

中興動物醫院 - 農十六分院

蓋亞野生動物專科醫院

肯亞動物專業醫院

大毛小毛動物醫院

聖弘綜合動物醫院

弘苑動物醫院

捷飛達動物醫院

全家福動物醫院

佳園動物醫院

立康動物醫院

博聯動物醫院

慈愛動物醫院 - 九如分院

聯盟動物醫院

屏東地區

屏安獸醫院

大同動物醫院

福爾摩莎動物醫院

百齡動物醫院

泰豐動物醫院

宜蘭地區

三寶動物醫院

噶瑪蘭動物醫院

宜蘭動物醫院

花東地區

中華動物醫院

高橋（貓友善）動物醫院

蕙康動物醫院

心語動物醫院

向日動物醫院

金澎地區

金門同伴動物醫院

國家圖書館出版品預行編目資料

愛鼠飼育大百科：常見寵物鼠品種介紹與飼養相處方法全收
錄！／社團法人台灣愛鼠協會著 . -- 初版 . -- 臺中市：晨星出
版有限公司，2021.12
　　面；　公分 . -- （寵物館；94）
　　ISBN 978-986-5529-63-5（平裝）
　　1. 鼠 2. 寵物飼養

389.63　　　　　　　　　　　　　　　　　109012983

寵物館 94

愛鼠飼育大百科
常見寵物鼠品種介紹與飼養相處方法全收錄！

作者	社團法人台灣愛鼠協會
特約編輯	陳品蓉
美術設計	曾麗香
封面設計	季曉彤

創辦人	陳銘民
發行所	晨星出版有限公司
	407台中市西屯區工業30路1號1樓
	TEL：04-23595820　FAX：04-23550581
	行政院新聞局版台業字第2500號
法律顧問	陳思成律師
初版	西元2021年12月15日
初版二刷	西元2022年07月10日
讀者專線	TEL:（02）23672044 /（04）23595819#212
	FAX:（02）23635741 /（04）23595493
	service@morningstar.com.tw
網路書店	http://www.morningstar.com.tw
郵政劃撥	15060393（知己圖書股份有限公司）
印刷	上好印刷股份有限公司

掃瞄 QRcode，
填寫線上回函！

定價420元
ISBN 978-986-5529-63-5
Published by Morning Star Publishing Inc.
Printed in Taiwan
A11 rights reserved.

照片/插畫來源：非常感謝以下人員提供照片，以筆畫排列。

ShangYunLin(P5.23.24.25.35)、YangHsinHsuan(P58)、Joyce You(P50.76.109.121.130)、王君竹(P16)、王佳欣
(P105.102.29)、王曉琪(P14)、朱依靜(P26.34.36.62.65.66.70.75.114.128.129.136.159.182.188.202)、江秉怡(P8.41)、吳
珮渝(P8.30.32.33.34.51.56.65.68.73.74.85.89.92.104.107.130.206)、吳啓銘(P100.110)、李安祺(P155)、沐沐鼠兔鳥爬專
科動物醫院(P145.146.147.148.150)、亞馬森特寵專科醫院(P35.161.164.165.179.181)、林佩禧(P41.42.43.49.53.55.56.
61.62.65.70.71.72.74.77.79.90.91.94.122.124.125.141)、林雨靜(P10)、林婉瑜(P36)、侯彣(P179)、洪婕瑜(P152)、胡迎
豫(P37)、翁祖永(P171)、張容倩(P54.186)、張勝鼇(P51.54.61.65.76.103.105.120.117.118.127.128.134.136.162.167)、
陳玉璇(P156)、陳佑維(P164)、陳玳苡(P12.13.16.18.19.37.38.60.86.88.93.164)、陳羿方(P198)、陳婉琪(P204)、陳逸茵
(P33.55)、陳鈺曼(P37.55.78.118.141.184)、黃羽溱(P39.48.69.89.93.146)、黃佩瑜(194.197.198)、黃培欣(P32)、愛鼠協
會(P8.10.12.17.20.35.36.39.40.43.47.50.52.53.57.60.61.65.67.75.76.86.90.93.94.100.101.102.104.105.106.117.118.126.
128.131.135.137.139.140.141.157.161.165.166.174.187.189.190.202.203.204)、楊尚婕(P30.43.70.78.80.82.84.86.88.90.
108.139)、楊奕庭(P82)、楊茲晴(P204)、楊淑敏(P46)、楊琇中/kay(P95.96.97.98.99.101)、廖淑娟(P12.28.32.34.52.56.
57.62.76.83.108.116.118.135.136.140)、蔡嘉容(P20.31.70.90.91.94)、戴君佳(P68)、謝宜臻(P132)、蘇育嫻(P138)、高
瑞謙(P44.61.113)、蕭怡晴(P112)